应用型本科 电子及通信工程专业系列教材

Altium Designer 14 原理图与 PCB 设计

叶林朋　编著

西安电子科技大学出版社

内 容 简 介

本书基于 Altium Designer 14 设计平台，通过一个单片机系统实例，按照印刷电路板的实际设计步骤来讲解 Altium Designer 14 的使用方法和操作技巧。本书主要内容包括项目工程的建立、电路原理图设计、PCB 设计、集成库的创建、报表文件输出、综合设计实例等。

本书是作者根据多年教学实践经验，按照教学规律编写的，语言精练，图文并茂，实用性强，适合于边讲边练的教学过程，也便于读者自学。

本书可作为高等院校相关专业的教材和职业培训的教学用书，也可作为电子设计人员的参考书。

图书在版编目(CIP)数据

Altium Designer 14 原理图与 PCB 设计/叶林朋编著.
—西安：西安电子科技大学出版社，2015.5(2023.4 重印)
ISBN 978–7–5606–3634–4

Ⅰ. ①A…　Ⅱ. ①叶…　Ⅲ. ①印刷电路—计算机辅助设计—应用软件—高等学校—教材　Ⅳ. ①TN410.2

中国版本图书馆 CIP 数据核字(2015)第 031193 号

策　　划　马晓娟
责任编辑　马晓娟
出版发行　西安电子科技大学出版社（西安市太白南路 2 号）
电　　话　(029)88202421　88201467　　邮　　编　710071
网　　址　www.xduph.com　　　　电子邮箱　xdupfxb001@163.com
经　　销　新华书店
印刷单位　陕西日报社
版　　次　2015 年 5 月第 1 版　2023 年 4 月第 10 次印刷
开　　本　787 毫米×1092 毫米　1/16　印张 12.5
字　　数　291 千字
印　　数　19 501～21 500 册
定　　价　28.00 元
ISBN 978 – 7 – 5606 – 3634 – 4 / TN
XDUP 3926001–10

＊＊＊ 如有印装问题可调换 ＊＊＊

应用型本科 电子及通信工程专业系列教材
编审专家委员会名单

主　任：沈卫康（南京工程学院通信工程学院　院长/教授）

副主任： 张士兵（南通大学　电子信息学院　副院长/教授）

陈　岚（上海应用技术学院　电气与电子工程学院　副院长/教授）

宋依青（常州工学院　计算机科学与工程学院　副院长/教授）

张明新（常熟理工学院计算机科学与工程学院　副院长/教授）

成　员：（按姓氏拼音排列）

鲍　蓉（徐州工程学院　信电工程学院　副院长/教授）

陈美君（金陵科技学院　网络与通信工程学院　副院长/副教授）

高　尚（江苏科技大学　计算机科学与工程学院　副院长/教授）

李文举（上海应用技术学院　计算机科学学院　副院长/教授）

梁　军（三江学院　电子信息工程学院　副院长/副教授）

潘启勇（常熟理工学院　物理与电子工程学院　副院长/副教授）

任建平（苏州科技学院　电子与信息工程学院　副院长/教授）

孙霓刚（常州大学　信息科学与工程学院　副院长/副教授）

谭　敏（合肥学院　电子信息与电气工程系　系主任/教授）

王杰华（南通大学　计算机科学与技术学院　副院长/副教授）

王章权（浙江树人大学　信息科技学院　副院长/副教授）

温宏愿（泰州科技学院　电子电气工程学院　讲师/副院长）

郁汉琪（南京工程学院　创新学院　院长/教授）

严云洋（淮阴工学院　计算机工程学院　院长/教授）

杨俊杰（上海电力学院　电子与信息工程学院　副院长/教授）

杨会成（安徽工程大学　电气工程学院副院长/教授）

于继明（金陵科技学院　智能科学与控制工程学院　副院长/副教授）

前　言

EDA(Electronic Design Automation，电子设计自动化)技术是指以计算机为工作平台，融合了应用电子技术、计算机技术、信息处理及智能化技术的最新成果，进行电子产品的自动设计。EDA 技术是现代电子工业中不可缺少的一门技术，也是信息工程类专业教学中重点介绍的一门课程。

随着 EDA 技术的不断发展，众多 EDA 软件工具厂商所提供的 EDA 工具的性能也在不断提高。Altium Designer 14 设计平台是 Altium 公司提供的一款品质卓越的贯穿电子系统设计全过程的一体化设计工具。Altium Designer 14 除了全面继承包括 Protel 99SE、Protel DXP 在内的先前一系列版本的功能和优点外，还增加了很多高端功能。该平台拓宽了板级设计的传统界面，全面集成了 FPGA 设计功能和嵌入式设计实现功能，允许工程设计人员将系统设计中的 FPGA 与 PCB 设计及嵌入式设计集成在一起。

本书从实用的角度出发，内容由浅入深，从易到难，各章节既相对独立又前后关联，按照 PCB 板的实际设计流程来逐一介绍 Altium Designer 14 软件的各个模块的功能和使用方法，力求帮助读者迅速掌握 Altium Designer 14 的使用方法和基本技巧。全书分为 4 大部分共 10 章，各部分的主要内容如下：

(1) 第 1、2 章为 Altium Designer 14 基础部分。该部分介绍了 Altium Designer 14 软件的基础知识和电路板设计的基本步骤，并通过一个快速入门实例来演示电路板的整个设计过程。

(2) 第 3、4、5 章为电路原理图设计部分。该部分介绍了 Altium Designer 14 的电路原理图绘制、层次化原理图绘制、原理图查错及报表文件生成等内容，并通过单片机系统电路设计实例来演示电路原理图设计中的各种操作和技巧。

(3) 第 6、7、8、9 章为印刷电路板(PCB)设计部分。该部分介绍了 PCB 的基础知识、PCB 的设计、PCB 报表输出和创建元件集成库等内容，并通过单片机系统电路设计实例来演示 PCB 图设计中的各种操作和技巧。

(4) 第 10 章为综合工程项目设计实例部分。该部分介绍了两个工程实践项目的设计过程、印刷电路板设计方法，使读者能够对全书的知识进行回顾总结和提高。

为了方便读者学习，作者提供了本书所有设计实例的完整工程文件和设计资料，读者可以在百度空间（http://pan.baidu.com/s/1gd3T3f9）中免费下载。

在本书的编写过程中作者得到了多方面的帮助和支持。首先特别感谢西安电子科技大学出版社的领导和编辑，是他们的盛情邀请和全力支持才促成了本书的出版。其次感谢 Altium 公司大中国区大学计划经理华文龙先生及其同事，他们为作者提供了正版的 Altium Designer 14.3 软件和参考资料，并耐心解答了作者在编写过程中提出的问题。最后，感谢浙江科技学院翁剑枫教授以及我的爱人和女儿给予的支持、理解、关心和鼓励。

尽管作者在编写本书的过程中竭尽全力，但是由于水平有限，加之时间仓促，书中难免存在不足之处，恳请读者批评指正。

叶林朋

2014 年 10 月于杭州

目　　录

第 1 章　Altium Designer 14 基础

本章介绍 Altium Designer 的发展及特点，Altium Designer 14 的安装、设计界面、系统参数设置和设计工程。

1.1　Altium Designer 简介

Altium Designer 是澳大利亚 Altium 公司推出的一体化的电子产品开发系统，主要运行在 Windows 操作系统下。这套软件通过把原理图设计、电路仿真、 PCB 绘制编辑、拓扑逻辑自动布线、信号完整性分析和设计输出等技术完美融合，为设计者提供了全新的设计解决方案，使设计者可以轻松进行设计。熟练使用这一软件必将使电路设计的质量和效率大大提高。

1.1.1　Altium Designer 的发展

Altium Designer 是 Altium 公司推出的新一代电子电路辅助设计软件。Altium 公司前身为 Protel 国际有限公司，由 Nick Martin 于 1985 年创始于澳大利亚，同年推出了第一代 DOS 版 PCB 设计软件，其升级版 Protel for DOS 由美国引入中国大陆，因其方便、易学而得到了广泛的应用。20 世纪 90 年代，随着计算机硬件技术的发展和 Windows 操作系统的推出，Protel 公司于 1991 年发布了世界上第一个基于 Windows 环境的 EDA 工具——Protel for Windows 1.0 版。

1998 年，Protel 公司推出了 Protel 98，它是一个 32 位的 EDA 软件，其将原理图设计、PCB 设计、无网格布线器、可编程逻辑器件设计和混合电路模拟仿真集成于一体化的设计环境中，大大改进了自动布线技术，使得印刷电路板自动布线真正走向了实用。 随后的 Protel 99 以及 Protel 99SE 使得 Protel 成为中国用得最多的 EDA 工具。不仅电子工程专业的大学生在大学学习使用 Protel 99SE 来解决设计方案，而且公司在招聘新人的时候也将 Protel 作为考核标准。

2001 年，Protel Technology 公司改名为 Altium 公司，并于 2002 年推出了令人期待的新产品 Protel DXP。Protel DXP 与 Protel 99SE 相比，不论是操作界面还是功能都有了非常大的改进。而在 2004 年推出的 Protel 2004 又对 Protel DXP 进行了进一步的完善。

2005 年，经过多次蜕变，Protel DXP 正式更名为 Altium Designer。Altium Designer 6.0 集成了更多的工具，使用方便，功能更强大，特别是 PCB 设计性能得到大大提高。2008 年推出的 Altium Designer Summer 08 将 ECAD 和 MCAD 两种文件格式结合在一起，在其一体化设计解决方案中为电子工程师带来了全面验证机械设计(如外壳与电子组件)与电气特性关系的能力，并且加入了对 OrCad 和 PowerPCB 的支持能力，使得其功能更加完善。

2012 年底推出的 Altium Designer 2013 不仅添加和升级了软件功能，同时也面向主要合作伙伴开放了 Altium 的设计平台。它为使用者、合作伙伴以及系统集成商带来了一系列的机遇，代表着电子行业一次质的飞跃。

目前最新的版本为 Altium Designer 14.3。它引入了新的 PCB 设计规则，改进了长度调整工具、过孔围栏，增强了层堆栈管理器，可以快速直观地定义主、副堆栈；支持嵌入式分立元件，在装配过程中，可以将其作为个体制造，并放置于内层电路；支持软硬电路结合设计和柔性电路设计。使用 Altium Designer14.3 和 Altium Vault，可将数据可靠地从一个 Altium Vault 中直接复制到另一个中。它不仅可以补充还可以修改，并且其基本足迹层集和符号都能自动进行转换。

1.1.2　Altium Designer 的特点

Altium Designer 从系统设计的角度，将软、硬件设计流程统一到单一开发平台内，保障了当前或未来一段时间内电子设计工程师可以轻松地实现设计数据在某一项目设计的各个阶段无障碍的传递，这样不仅提高了研发效率，缩短了产品上市周期，而且增强了产品设计的可靠性和数据的安全性。

与以前的 Protel 版本相比较，Altium Designer 具有以下几方面优势：

· 统一了板卡设计流程，提供了单一集成的设计数据输入、电路性能验证和 PCB 设计环境。

· 提供了丰富的元件集成库，更加方便了原理图和 PCB 之间的连接。

· 提供了多种输出方式，可满足任何制造要求的合适文件，并提供了广泛的接口，支持大量 MCAD 工具。

· 支持各大厂商的可编程逻辑器件，并实现了 PCB 设计和 FPGA 设计的无缝链接。

1.2　Altium Designer 14 的安装

Altium Designer 14 的安装有两种方式：

第一种方式：通过 Altium Designer 的完整版 DVD 直接安装。

第二种方式：在 AltiumLive 的软件专区中下载 Altium Designer 14 安装程序。

下面介绍第二种方式的安装步骤。

1. 申请 AltiumLive 账户

登录 Altium 公司的官方网站：http://www.altium.com，向 Altium 申请并获得 AltiumLive 账户，或者直接输入申请账户网址：http://live.altium.com/#signin。

2. 下载软件

通过软件下载页面(http://altium.com/en/products/downloads)选择下载的软件版本。目前该下载页面提供了 Altium Designer 14.3、Altium Designer 13.1、Altium Designer 10.0 和其他一些工具的下载。若没有登录 AltiumLive 账户，系统会提示你先登录账户。

3. 安装软件

双击运行第 2 步下载的安装程序(这里以 Altium Designer Setup 14.3.14 版本为例)。

(1) 进入 Welcome to the Altium Designer Installer 界面，单击 Next 按钮。

(2) 进入 License Agreement 界面，根据个人情况选择阅读协议的语言，并选中 I accept the agreement 选项，然后单击 Next 按钮。

(3) 在弹出的 Account Log In 界面，输入 AltiumLive 账户，然后单击 Login 按钮，等待网络验证。

(4) 出现 Platform Repository and Version 界面，不修改任何选项，单击 Next 按钮。

(5) 出现 Select Design Functionality 界面，不修改任何选项，单击 Next 按钮。

(6) 出现 Ready to Install 界面，不修改任何选项，单击 Next 按钮。

(7) 出现 Installing Altium Designer 界面时，系统开始从 Altium 官网上下载安装包。安装包完成下载后，系统将自动完成 Altium Designer Setup 14.3 的安装。

4. 激活软件

启动 Altium Designer 14.3 程序，在主菜单中选择 DXP >> My Account 命令，在工作窗口中将会出现如图 1-1 所示的 License Managerment 管理界面，点击 Sign in 按钮。

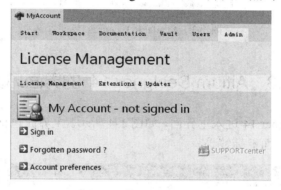

图 1-1　License Managerment 管理界面

在弹出的如图 1-2 所示的 Account Sign In 界面中，输入 User name(用户名)和 Password(密码)(即申请的 AltiumLive 账户)，可以选中其右侧的两个 Remember 复选框和下面的 Sign me in when I start Altium Designer 复选框，方便下次打开 Altium Designer 环境就直接激活。然后选中 I have read and understand the warning 复选框，单击 Sign in 按钮。

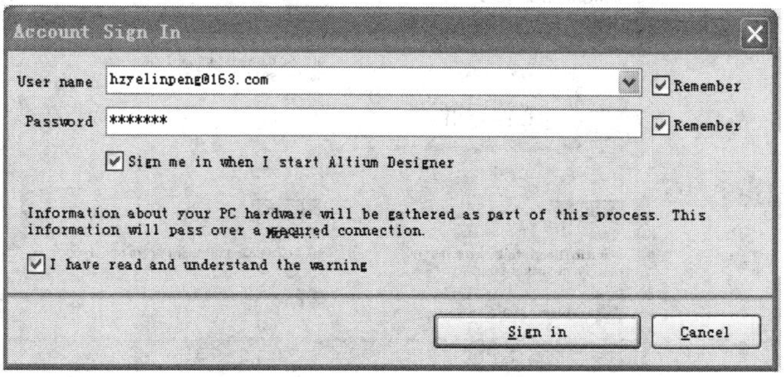

图 1-2　Account Sign In 界面

注册成功后，如图 1-3 所示，将显示用户姓名已经注册的界面。在这个界面下半区域中找到并单击 Use 按钮，使用已经授权的 License。最后在 Available Licenses 处将显示授权的具体信息，如授权单位、授权期限。

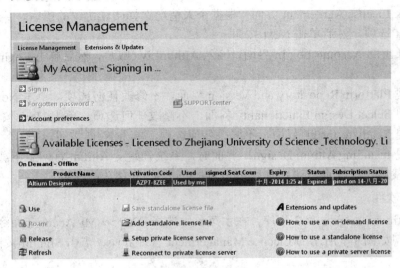

图 1-3　Available Licenses 界面

1.3　Altium Designer 14 的界面环境

启动 Altium Designer 14 进入主界面，如图 1-4 所示。主界面包括系统菜单、视图导航、工作区面板、工作区、面板标签等。

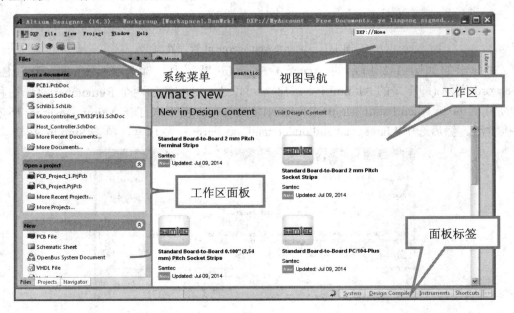

图 1-4　Altium Designer 14 主界面

　　系统菜单主要包括 DXP、File、View、Project、Window、Help 基本操作功能。其中DXP 菜单用于设置系统的偏好和定制环境，自动改变所有其他的菜单和工具栏，以适应正在编辑的文档。

　　通过视图导航可以访问互联网和本地的文件。其中导航栏地址区用于显示当前工作区文件的地址，或者显示访问互联网的地址。单击 Step back 和 Step forward 按钮可以根据浏览的次序后退或前进；单击 Go to home page 按钮可以回到系统默认主页。

　　工作区面板包含文件和工程面板。通过单击面板标题并将其拖拽到一个新的位置，就可以移动、浮动和拉伸这些面板。

　　工作区是用户编辑各种文档的区域，在无编辑对象打开的情况下，工作区将自动显示系统默认主页。

　　面板标签包含 System、Design Compiler、Instruments、Shortcuts 按钮。通过单击这些面板按钮，就可以显示编辑器指定的和共享的面板。

　　注意：Altium Designer 环境支持创建设计时使用的各种编辑器，应用界面通过自动配置来适应正在处理的文件，比如打开原理图时，系统将自动激活相应的工具栏、菜单和快捷键。此性能意味着用户可以随意在 PCB 布线、物料清单编制、瞬间电路分析和其他操作之间进行切换，当前菜单、工具栏和快捷键始终保持可用。

1.4　Altium Designer 14 的系统参数设置

　　选择 DXP >> Preferences 命令，系统将弹出如图 1-5 所示的系统参数对话框。在该对话框中，用户可以对系统参数进行设置，包括系统常规参数(System-General)、视图参数(System-View)、透明度(System-Transparency)、导航参数(System-Navigation)等十几项。下面对其中几个常用的选项和参数设置进行介绍。

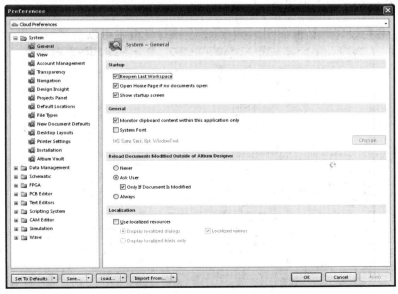

图 1-5　系统参数对话框

1.4.1　系统常规参数设置(System-General)

如图 1-5 所示，系统常规参数设置包括启动(Startup)、常规(General)、重新装载文档(Reload Documents Modified Outside of Altium Designer)和本地化(Localization)四部分内容。

1. 启动(Startup)

• Reopen Last Workspace：如果选中该复选框，再次启动系统时将打开上次关闭系统时所在的工作区界面。

• Open Home Page if no documents open：如果选中该复选框，启动系统时如果没有打开文件，则打开主页。

• Show startup screen：如果选中该复选框，启动系统时屏幕将显示启动画面。

2. 常规(General)

• Monitor clipboard content within this application only：如果选中该复选框，剪贴板中只保存本软件或复制内容，不保存其他软件中的剪切或复制内容。

• System Font：如果选中该复选框，将显示当前系统所使用的字体信息，单击右侧的Change 按钮，可以选择相应的字体。

3. 重新装载文档(Reload Documents Modified Outside of Altium Designer)

可以选择从不、询问用户和总是三种选项。

4. 本地化(Localization)

设置系统语言环境是否本地化，即和操作系统所使用的语言环境是否相匹配。通过这个功能可以使环境变为中文版。通过选择下面的三个复选框，可以实现显示本地化语言的对话框、提示和菜单。

1.4.2　视图参数(System-View)

系统视图参数设置对话框如图 1-6 所示，在该对话框中可以设置系统显示的相关参数。

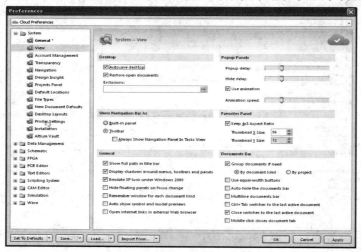

如图 1-6　系统视图参数设置对话框

1. 桌面(Desktop)

· Autosave desktop：如果选中该复选框，系统关闭后将自动保存软件的界面布局。

· Restore open documents：如果选中该复选框，系统将自动打开关闭前已经打开的文档。在该复选框被选中的前提下，可以在 Exclusions 选项中设置某些禁止自动打开的文档类型。

2. 显示导航条(Show Navigation Bar As)

· Built-in panel：内嵌面板模式。如果选中该单选按钮，导航条以内嵌面板的形式出现在编辑区的上部。

· Toolbar：工具栏模式。如果选中该单选按钮，导航条以工具栏的形式显示，通常出现在设计界面的右上角。导航工具栏显示当前文件的路径。在该单选按钮被选中的前提下，选择 Always Show Navigation Panel In Tasks View 选项，将会使得导航面板总是出现在编辑窗口。

3. 常规显示(General)

· Show full path in title bar：如果选中该复选框，系统将在标题栏显示完整路径。

· Display shadows around menus，toobars and panels：如果选中该复选框，系统将在菜单、工具条、面板周围显示阴影。此功能针对处于浮动状态的面板和工具栏，对于处于固定状态的菜单和工具栏只有光标指向时才出现阴影。

· Emulate XP look under Windows 2000：如果选中该复选框，系统将在 Windows 2000 操作系统下效仿 XP 样式。

· Hide floating panels on focus change：如果选中该复选框，当聚焦更改时会隐藏浮动的面板。

· Remember window for each document kind：如果选中该复选框，则记忆每个文档窗口。

· Auto show symbol and model previews：如果选中该复选框，系统将自动显示符号和模型预览。

· Open internet links in external Web browser：如果选中该复选框，可以在外部 Web 浏览器打开因特网链接。

4. 弹出窗口(Popup Panels)

· Popup delay：弹出延迟，该选项用来设置工作面板弹出过程的延迟时间。在调节栏中，滑块向左侧调节，弹出时间将变短；反之，时间将变长。

· Hide delay：隐藏延迟，该选项用来设置工作面板隐藏过程的延迟时间，时间的设置方法同上。

· Use animation：使用动画，如果选中该复选框，工作面板的弹出或隐藏会使用动画效果。在该复选框被选中的前提下，在 Animation speed 的调节栏中可以调节动画效果的速度。

5. 偏好窗口(Favorites Panel)

在个人偏好窗口中选择面板大小比例为 4∶3 的特征。在该复选框不选中的前提下，可以任意调整"X"、"Y"的宽度。

6. 文档栏(Document Bar)

文档栏是指在编辑区打开的文档上方以文档名字出现的矩形小框，也称为文档标签。

• Group documents if need：如果需要将文件分组。可以根据文件种类(By document kind)和项目(By project)这两种情况来分。

• Use equal-width buttons：如果选中该复选框，无论其中的文档名称是长还是短，系统都将使用等宽的文档栏显示。不选中该复选框，文档栏的宽度随文档名称的长短而变化。

• Auto-hide the documents bar：如果选中该复选框，系统将自动隐藏文档栏。

• Multiline documents bar：如果选中该复选框，可以多行放置文档栏。

• Ctrl + Tab switches to the last active document：当有多个文档打开时，用 Ctrl + Tab 组合键可以切换到最后活动的文档。

• Close switches to the last active document：当有多个文档打开时，关闭其中一个文件时，系统将会自动切换到之前最后活动的文档。

• Middle click closes document tab：单击鼠标中键将会关闭文档标签。

注意：系统参数对话框中还有很多的设置，用户可以参考 Altium 公司的帮助文档。另外还有一些其他的参数设置，将在后面的章节中再做介绍。

1.5   Altium Designer 14 的设计工程

设计文件中包含了用于制造产品的数据，但是脱离了设计工程它们就是不完整的。在 Altium Designer 中，设计工程负责定义文件之间的关系，它是建立在统一的数据模型基础之上的。

设计工程是一系列的设计文件的集合，连同存储在设计工程文件中的设置，一同定义了设计的方方面面。由于设计工程文件不涉及具体的文件存储，所以它可以包含任何来源的文件。

正是使用了设计工程的概念，Altium Designer 可以构建和管理基于统一数据模型的设计同步。当在一个设计文档中作了更改时，可以将此更改编译成统一的数据模型然后传递到设计的其他部分。

1.5.1   设计工程的类型

每个设计工程都将被执行并产生一个结果，根据最终结果的不同，设计工程分成不同的种类。如果目标是产生一个 PCB，就要使用 PCB 工程把所有原理图文件和 PCB 文件等包括在一起。在工程中添加任何文件几乎是没有限制的，但是它所属的设计工程将决定如何解释和编译这些文件。Altium Designer 14 系统可以创建以下工程：

• PBC 工程(*.PrjPbc)：用于制造印刷电路板。在原理图编辑器中绘制电子电路图，再把设计转移到 PCB 编辑器中，完成电路布局布线等操作。最后设计完成后，系统将产生用于生产电路板和装配标准格式的输出文件。

• FPGA 工程(*.PrjFpg)：用于生成 FPGA 器件的编程文件。使用原理图设计输入或者硬件描述语言输入，并在工程中添加约束文件来说明设计要求，例如目标器件、时钟分配、引脚映射等。设计综合使用 EDIF 标准文件格式把编程文件翻译成门电路的形式，并按照适合目标器件的方法去实现布局，生产器件的下载代码。最后可以在有目标器件的开发板上进行设计、测试等。

- 嵌入式工程(*.PrjEmb)：用于生产可以在电子产品的处理器上运行的软件应用。使用 C 语言或者其他编程语言编写代码，把所有的源代码文件编译成汇编语言，再转变成目标代码。目标代码文件被链接在一起，然后映射到内存空间，即可生产一个可执行的输出文件。

- 集成库(*.IntLib)：用于生产集成库。在库编辑器中绘制原理图符号，并为其指定参考模型。参考模型包括 PCB 封装、电路仿真模型、信号完整性模型和三维机械模型等。最后原理图符号和模型被编译成为一个文件，称为集成库。

- 脚本工程(*.PrjScr)：用于保存一个或者多个脚本文件。当脚本文件运行时，Altium Designer 将脚本翻译成一系列指令。用户可以编写和调试脚本。

1.5.2　新建一个工程

系统启动后会自动建立一个设计空间，默认名为 Workspace1.DsnWrk，用户可以直接在该默认设计空间下创建项目，也可以自己新建设计空间。系统的项目管理器会把名称相同的不同工程划分到一个工作空间，以便将来对同一个项目镜像进行统一的管理。

下面介绍如何创建一个新的 PCB 工程。

(1) 用户可以在系统菜单中选择 File >> New >> Project 命令，在弹出的 New Project 对话框中选择 PCB Project，并命名工程名和存储地址等。

另外，用户也可以在系统环境左侧的 Files 面板中的 New 区域选择 Blank Projecet(PCB) 来新建工程。

(2) 当面板区出现 Project 面板时，系统将会显示新工程文件 PCB_Project1.PrjPcb 和 No Documents Added 文件夹，如图 1-7 所示。

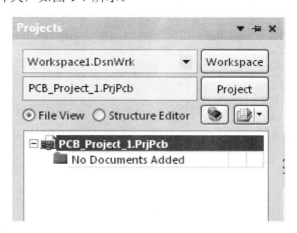

图 1-7　新建一个工程

(3) 用户需要重新命名工程名称时，可以通过选择 File >> Save Project As 命令来实现；

也可以在 Project 面板中单击 Project 按钮，在弹出的菜单中选择 Save Project As 命令，或者用鼠标右键单击工程名，在弹出的菜单中选择 Save Project As 命令来实现。

(4) 用户需要在工程中添加文件时，可以通过选择 File >> New 命令，在弹出的菜单中选择原理图文件、PCB 文件或其他文件来实现；也可以在 Project 面板中单击 Project 按钮，在弹出的菜单中点击 Add New to Project 命令来选择需要的文件；或者用鼠标右键单击工程名，在弹出的菜单中点击 Add New to Project 命令来选择需要的文件。

1.5.3　工程的打开和关闭

用户可以选择 File >> Open 命令或者 File >> Open Project 命令打开一个已存在的工程，也可以在 Files 面板中使用 Open a Project 打开一个最近活动的工程。

第 2 章　Altium Designer 14 快速入门

本章将介绍利用 Altium Designer 14 进行印刷电路板设计的步骤,并通过一个实例来说明基本的操作过程和方法。

2.1　印刷电路板的设计步骤

一般来说,设计印刷电路板的基本过程可以分为以下几个步骤:

(1) 前期准备。这是在设计 PCB 电路板之前必须进行的工作,主要包括系统分析和电路仿真两部分。设计者首先分析系统的工作原理并画出电路,然后确定各部分电路形式及元器件参数。电路设计完成后,还需要通过仿真电路来验证元器件参数选择的正确性。

(2) 绘制电路原理图。这个步骤主要是利用 Altium Designer 的原理图设计系统来绘制完整的、正确的电路原理图。

(3) 生成网络表。网络表是电路原理图(Sch)与印刷电路板设计(PCB)之间的一座桥梁。网络表可从电路原理图中获得。

(4) 设计印刷电路板。根据电路原理图,利用 Altium Designer 的 PCB 设计功能可实现印刷电路板的设计。

(5) 生成印刷电路板报表。设计好印刷电路板后,即可生成印刷电路板的有关报表。

概括地说,印刷电路板的整个设计过程是先编辑电路原理图,然后生成原理图和 PCB 之间的纽带——关系网络表,最后根据网络表完成 PCB 的布线工作。

2.2　设计电路原理图

本节将说明如何设计简单原理图。

1. 绘制简单原理图

本节以图 2-1 所示的门铃电路原理图为例,简要说明原理图绘制的过程和步骤。

1) 新建工程项目

执行 File >> New >> Project 命令,在弹出的如图 2-2 所示的 New Project 对话框中选择 Project Type:PCB Project,Project Templates:<Default>,并将名字命名为"快速入门例程",如图 2-3 所示。

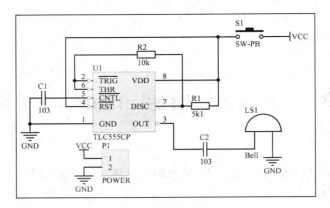

图 2-1　门铃电路原理图

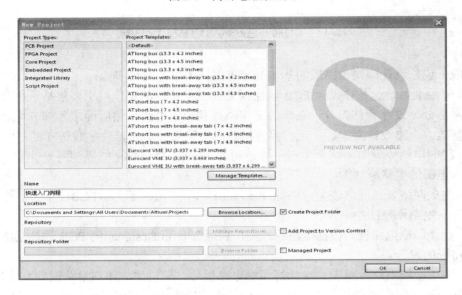

图 2-2　New Project 对话框

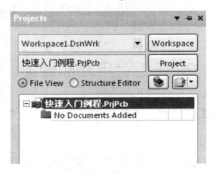

图 2-3　新建的工程

2) 新建一个原理图

选择 File >> New >> Schematic 命令，在设计窗口中将出现一个命名为 Sheet1.SchDoc 的空白电路原理图并且该电路原理图将被自动添加到工程当中。通过 File >> Save As 命令可以对新建的电路原理图进行重命名，可以将此原理图通过文件保存导航保存到用户所需要的硬盘位置。这里输入文件名"门铃电路原理图"并且点击保存。新建原理图文件时，系统会自动打开这个文件。此时用户会发现在电路原理图的编辑器下，菜单栏和主工具条都发生了变化，如图 2-4 所示。

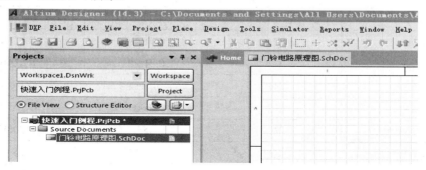

图 2-4　新建原理图文件

3) 装载元件库

在放置元件之前，必须先装载元件库。系统默认已经装入两个常用库：常用接插件杂项库 Miscellaneous Connectors.IntLib 和常用电气元件杂项库 Miscellaneous Devices.IntLib。用户可以根据设计的需要来装入其他元件库。这个例子中需要一个 555 定时器，所以需装入一个其他元件库。具体操作步骤是：选择 Design >> Add/Remove Library 命令，在弹出的 Available Libraries 对话框中单击 Install 按键，选择 Install from file 选项，打开 TI Analog Timer Circuit.IntLib，如图 2-5 所示。

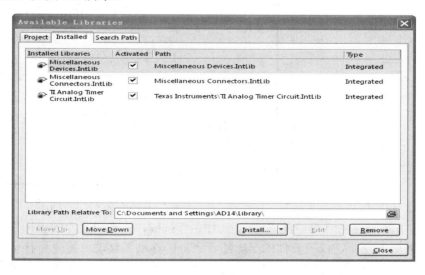

图 2-5　Available Libraries 对话框

4) 放置元件

元件库装载完成后，就可以放置电路所需的元件了。要放置元件，首先要知道元件所在的库并从中取出或者制作原理图元件。本例所用元件如表 2-1 所示。

(1) 点击 Libraries 标签显示 Library 面板，如图 2-6 所示。在对应的集成库中直接输入元件名称，系统将会显示元件的信息。如果不知道所需的元件在哪个库里，可以通过搜索的方式来解决，即：在 Library 面板中点击 Search in 按钮，或者通过选择 Tools >> Find Component 命令，打开 Libraries Search 对话框，如图 2-7 所示。

表 2-1　元件属性表

Lib Ref	Designator	Comment	Footprint
CAP	C1	0.01 μF	RAD-0.1
CAP	C2	0.01 μF	RAD-0.1
RES2	R1	5.1 kΩ	AXIAL-0.4
RES2	R2	100 kΩ	AXIAL-0.4
TLC555CP	U1	555	P008
SW-PB	S1	SW-PB	SPST-2
BELL	BELL1	BELL	PIN2
Header 2	J1	POWER	HDR1X2

其中：U1 在 TI Analog Timer Circuit.IntLib 集成库中，其他的元件在 Miscellaneous Device.IntLib 和 Miscellaneous Connectors.IntLib 集成库中。

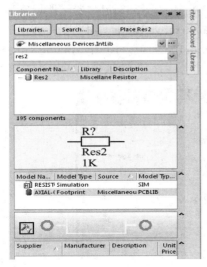

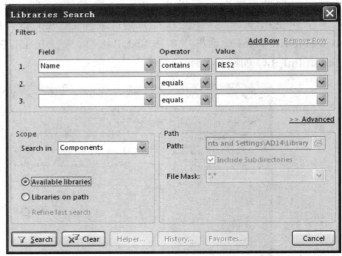

图 2-6　Library 面板　　　　　图 2-7　Libraries Search 对话框

(2) 单击 Libraries 对话框中的 "Place 元件名" 按键，将选中元件的光标移至原理图编辑区域，此时会发现所需放置元件的虚影随着光标的移动而移动。将光标移至合适位置，单击即可将元件放置到该位置。放置一个元件后，光标仍处于放置状态，可单击左键继续在适当位置放置相同的元件。按右键或者 Esc 键即可退出该状态。

(3) 在元件放置完成后，双击元件后可以打开元件属性对话框。根据表 2-1 提供的信息，在 Designator 栏、Comment 栏和 Models 区域输入相应的内容。由于不需要仿真，所以在 Parameters 区中设置 Value 参数中的 Visible 为非使能。例如针对元件 R1 属性的设置如图 2-8 所示。

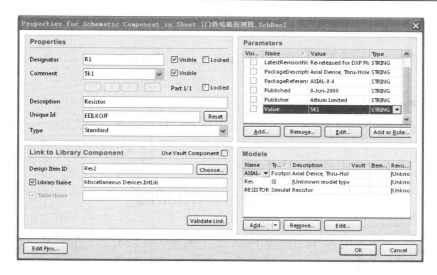

图 2-8 R1 属性的设置

(4) 依次完成元件的放置和编辑后，再通过对元件的移动或者旋转等操作进行一定的布局。

如果电路涉及电源和地，可以通过选择图 2-9 所示的 Wiring 工具栏中的 和 图标放置电源和地。最后放置完成的电路图如图 2-10 所示。

图 2-9 Wiring 工具栏

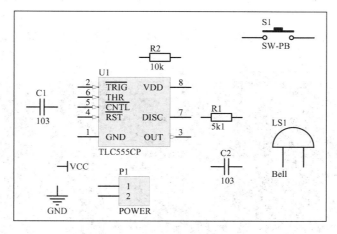

图 2-10 完成放置的电路图

5) 绘制导线

执行 Place >> Wire 命令，选择 Wiring 工具栏中的 图标，可在电路图上绘制出各元件之间的电路连线。此时光标变为十字光标，将光标移至元件引脚端点，单击确定连线的起始点，然后再将光标移至另一元件引脚端点，单击确定连线的终止点，右击完成一次操作。根据图 2-1，重复上述操作，绘制原理图所需的连线。

6）保存原理图

通过以上操作，电路图的绘制工作基本完成。执行 File >> Save All 命令，就可以保存设计文档。

2. 生成网络表文件

执行 Design >> Netlist for project 命令，选择 PCAD 生成网络表文件——门铃电路原理图.NET。

2.3　设计 PCB 板图

根据上节中准备的电路原理图和网络表，下面来讲述 PCB 板图的设计过程。

1. 新建 PCB 文件

执行 File >> New >> Schematic 命令，在设计窗口中将出现一个命名为 PCB1.PcbDoc 的空白图并且该图将自动被添加到工程当中。通过选择 File >> Save As 命令可以对新建的 PCB 图进行重命名，这里将其命名为门铃 PCB 图.PcbDoc。

2. 设置电路板物理大小

在 PCB 电路板图编辑环境的工作区下方的选项卡中选择机械层 Mechanical1，画电路板的物理大小和形状，如图 2-11 所示。执行 Place >> Line 命令可以画一个矩形框。

3. 设置电气边界

定义好机械层的物理边界后，再在 Keep-Out Layer 层定义电气边界，即画一个比 Mechanical1 略小的框。一定要注意先选好层然后再画，画线过程同上。画好的结果如图 2-11 所示。

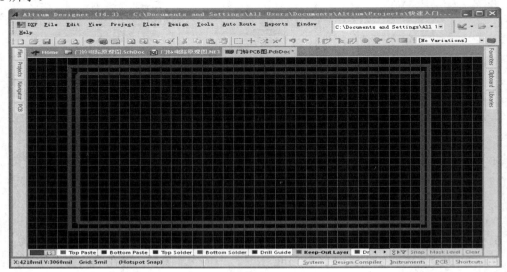

图 2-11　定义好物理边界和电气边界的结果

4. 装入网络表

执行 Design >> Import Changes From 快速入门例程.PrjPcb 命令，在弹出的 Engineering Change Order 对话框中单击 Execute Changes 按钮，系统将完成网络表的导入，最后单击 Close 按钮关闭文件。导入网络表后的 PCB 图如图 2-12 所示。

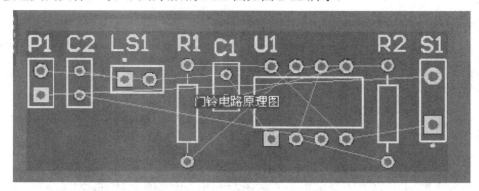

图 2-12　导入网络表后的 PCB 图

5. PCB 布局

用鼠标拖拽各个器件，将它们摆放到合适的位置。摆放好的器件如图 2-13 所示。当然也可以自动布局，这部分内容在后面章节中将会具体介绍。

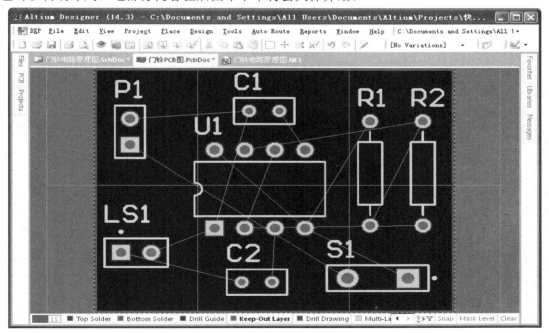

图 2-13　手工布局结果

6. PCB 布线

手工布局完成后，需进行自动布线前的规则设置。执行 Auto Route >> All 命令，在弹出的 Situs Routing Strategies 对话框中单击 Route All 按钮，系统将按照设定的各种参数在规定的布线区域内布线电路图。这样，一张简单的布线效果图就出来了。具体设计时会根据效果图来反复地修改布线规则，直到使电路满足设计要求和实际工程要求为止，最后再通过手工布线作一些微调。布线结果如图 2-14 所示。

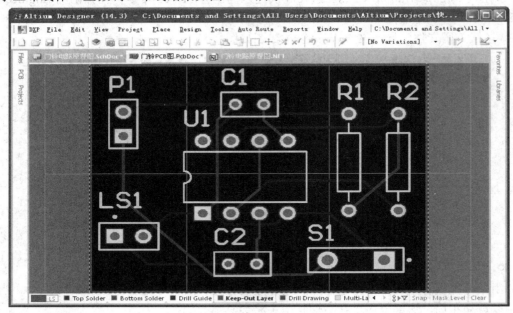

图 2-14　布线结果

第 3 章　原理图绘制基础

本章介绍了原理图绘制的基础知识和基础操作，详细说明了元件放置和电气连线的方法，并给出了 4 个原理图的绘制范例，其中每个范例都进一步强调和说明了一些重要的操作。

3.1　工程化原理图设计流程及规范

原理图设计是整个电路设计的基础，它决定了后面工作的进展，为印制电路板的设计提供了元件、连线的依据。只有正确的原理图才有可能生成一张具备指定功能的 PCB。原理图的设计过程一般可以按如图 3-1 所示的设计流程来进行。

（1）启动原理图编辑器。原理图的设计是在原理图编辑器中进行的，只有启动原理图编辑器，才能绘制原理图，并且编辑。为了更好的管理设计文件，一般先建立工程，在工程下建立所要设计的原理图文件，然后打开原理图文件，进入原理图编辑器。

（2）设置原理图图纸。绘制原理图前，必须根据实际电路的复杂程度来设置图纸的大小，设置图纸的过程实际上是建立工作平面的过程，用户可以设置图纸的方向、网格的大小以及标题栏等。

（3）放置元件。根据实际电路的需要，从元件库里取出所需的元件放置到工作平面上。设计者可以根据元件之间的走线等关系，对元件在工作平面上的位置进行调整、修改，并对元件的编号、封装进行定义和设定，为下一步工作打好基础。

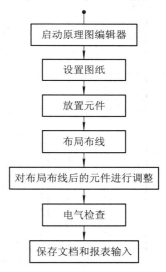

图 3-1　电路原理图的设计流程

（4）布局布线。该过程实际上就是画图的过程。设计者可利用原理图编辑器提供的各种工具、命令进行布局，再将工作平面上的元件用具有电气意义的导线、符号连接起来，构成一个完整的原理图。

（5）对布局布线后的元件进行调整。在这一过程，设计者利用原理图编辑器的各种功能对所绘制的原理图作进一步的调整和修改，以保证原理图的美观和正确。

（6）电气检查。布线完成后，根据原理图编辑器提供的错误检查报告重新修改原理图。

（7）保存文档和报表输出。此阶段可利用报表工具生成各种报表，如网络表、元件清单。此时也可设置打印参数并进行打印，从而为生成印制电路板做好准备。

3.2 原理图编辑器

绘制原理图前，必须根据实际电路对绘制环境做一些设置，以便更好地绘制原理图。本节主要介绍了原理图编辑器界面、原理图图纸参数设置、自建图纸模板和画面管理等。

3.2.1 原理图编辑器界面

执行 File >> New >> Project 命令，在 New Project 对话框中选择 Project Type：PCB Project，Project Templates：<Default>，系统将创建一个默认名为 "PCB_Project_1" 的工程。

选择 File >> New >> Schematic 命令，在设计窗口中将出现一个命名为 Sheet1.SchDoc 的空白电路原理图并且该电路原理图将自动被添加到工程当中。

然后系统将进入如图 3-2 所示的原理图编辑器。原理图编辑器主要由菜单栏、工具栏、面板标签、状态栏、工作区面板和工作区等组成。

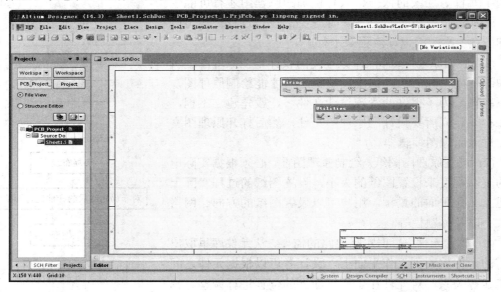

图 3-2 原理图编辑器

• 菜单栏：编辑器中所有的操作都可以通过菜单命令来完成，菜单中有下划线的字母为热键，大部分带图标的命令在工具栏中都有对应的图标按钮。

• 工具栏：编辑器工具栏中的图标按钮是菜单命令的快捷执行方式，熟悉工具栏图标按钮功能可以提高设计效率。工具栏有 Schematic Standard Tools 工具栏、Wiring 工具栏、Utilities 工具栏和混合信号仿真工具栏。其中 Utilities 实用工具栏包括多个子菜单，即 Drawing Tools 子菜单、Alignment Tools 子菜单、Power Sources 子菜单、Digital Devices 子菜单、Simulation Sources 子菜单、Grids 子菜单。

• 工作区面板：工作区面板包含文件和工程面板。通过单击面板标题并将其拖拽到一个新的位置，就可以移动、浮动和拉伸这些面板。

- 面板标签：已经激活且处于定位状态的面板。
- 状态栏：主要显示光标的坐标和栅格大小。
- 工作区：各类文件的显示区域，可以实现原理图的编辑和绘制。

下面就介绍几个主要工具栏的打开与关闭的菜单命令。

1. Schematic Standard 工具栏(原理图标准工具栏)

打开或关闭原理图标准工具栏可执行命令 View >> Toolbars >> Schematic Standard，如图 3-3 所示。

图 3-3　原理图标准工具栏

2. Wiring 工具栏(走线工具栏)

打开或关闭连线工具栏可执行菜单命令 View >> Toolbars >> Wiring，如图 3-4 所示。

图 3-4　连线工具栏

3. Utilities 工具栏(多用工具栏)

该工具栏如图 3-5 所示，包含多个子菜单选项。

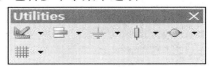

图 3-5　多用工具栏

(1) Drawing Tools 绘图工具栏，如图 3-6 所示。

(2) Alignment Tools 元件位置排列子菜单，如图 3-7 所示。

(3) Power Sources 电源及接地子菜单，如图 3-8 所示。

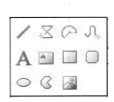

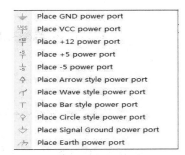

图 3-6　绘图工具栏　　　图 3-7　元件位置排列子菜单　　　图 3-8　电源及接地子菜单

(4) Digital Devices 常用元件子菜单，如图 3-9 所示。

(5) Simulation Sources 信号仿真源子菜单，如图 3-10 所示。

(6) Grids 网格设置子菜单，如图 3-11 所示。

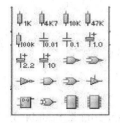

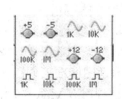

图 3-9　常用元件子菜单	图 3-10　信号仿真源子菜单	图 3-11　网格设置子菜单

3.2.2　原理图图纸设置

为了更好地完成电路原理图的绘制，并符合绘制的要求，要对原理图纸进行相应的设置，包括图纸参数的设置和图纸设计信息的设置。图纸参数设置是用来确定与图样有关的参数，如图纸的尺寸、方向、边框、标题栏、字体等，从而为正式的电路原理图设计做好准备。图纸信息记录了原理图的信息和更新记录，可以使用户更系统、更有效地管理电路原理图纸。

在原理图编辑环境下双击边框，或者单击鼠标右键打开鼠标右键快捷菜单，或者选择 Options >> Document Options 命令，或者执行 Design >> Document Options…命令，屏幕上将打开如图 3-12 所示的文档选项对话框，设计者就可以在这个对话框中进行图纸参数的设置。

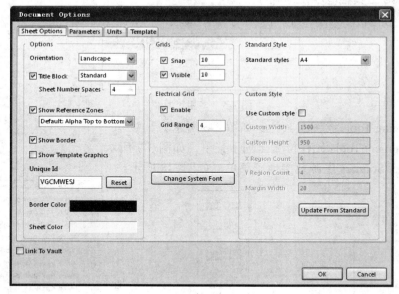

图 3-12　文档选项对话框

1. Sheet Options 标签页(设置图样大小)

(1) Standard Style(标准图样尺寸)栏。设计者通常应用的都是标准图样，此时可以直接应用标准图样尺寸来设置版面。将光标移至 Standard Style 右侧的下拉选项框，然后设计者可以根据所设计的电路原理图的大小选择适用的标准图样号。例如，我们选择 A4，然后单击下面的【OK】按钮，新的图纸大小就改成了 A4。

为了方便设计者，系统提供了多种标准图样尺寸选项。

- 公制：A0、A1、A2、A3、A4。
- 英制：A、B、C、D、E。
- Orcad 图样：orcad A、orcad B、orcad C、orcad D、orcad E。

其他：Letter、Legal、Tabloid。

(2) Options(选项栏)。在这一选项里，设计者可以进行图样方向、标题栏、边框等的设定。

- Orientation(图样方向)

用鼠标左键单击 Options 选项栏中的 Orientation 右侧的下拉选项框，将出现如图 3-13 所示的两个选项。选择 Landscape 选项时，图样则水平放置，选择 Portrait 时，图样则垂直放置。

图 3-13　Orientation 图样方向设定

- Title Block(标题栏类型)

该复选项用来切换是否在图纸上显示标题栏。当选中复选项是，图纸则显示标题栏；否则，不显示标题栏。

用鼠标左键单击 Options 选项栏中 Title Block 右侧的下拉选项框，将出现如图 3-14 所示的两个选项。其中 Standard 选项代表标准型标题栏，ANSI 选项代表美国国家标准协会模式标题栏。

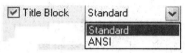

图 3-14　Title Block 标题栏类型

- Show Reference Zones(参考边框显示)

该复选项用来设定是否显示索引区。

- Show Border(图样边框显示)

该选项用来设置是否在图纸上显示边框线。选中则显示，否则不显示。

- Show Template Graphics(模板图形显示)

该选项用来设置是否在图纸上显示样板内的图形、文字及专用字符串等。通常，为了显示自定义的标题区块或公司商标之类的才选中该项。

- Border Color(边框颜色)

该选项是用来设定边框线的颜色，安装时默认为黑色。在右边的颜色框中用鼠标左键单击一下，系统将会弹出"Choose Color(选择颜色)"对话框，可通过它来选取新的边框颜色。

- Sheet Color(工作区颜色)

该选项是用来设定图纸的颜色，安装时默认为白色。要变更底色时，请在该栏右边的颜色框上用鼠标单击，打开选择颜色对话框，然后选取出新的底色。

(3) Custom Style(自定义图样尺寸)栏。如果设计者需要根据自己的特殊要求，设定非标准的图样格式，Altium Designer 还提供了 Custom Style 选项以供选择。

我们可以用鼠标左键单击"Use Custom Style"后的复选框，使它后面的方框里出现"√"符号，即表示选中 Custom Style。

在 Custom Style 栏中有 5 个设置框，其名称和意义如表 3-1 所示。

表 3-1　Custom Style 栏中各设置框的名称和意义

对话框名称	对话框意义
Custom Width	自定义图样宽度
Custom Height	自定义图样高度
X Region Count	X 轴参考坐标分格
Y Region Count	Y 轴参考坐标分格
Margin Width	边框的宽度

(4) Grids(图样栅格)。该选项是用来设置网格属性的。Grids 栏包括两个选项：Snap 的设定和 Visible 的设定。

· Snap(光标移动距离)

该项设置可以用来改变光标的移动间距。Snap 设定主要用来决定光标位移的步长，即光标在移动过程中，以设定的基本单位来做跳移，单位是 mil(密尔，1000 密尔 = 1 英吋 = 25.4 毫米)。如当设定 Snap = 10 时，十字光标在移动时，均以 10 个长度单位为基础。此设置的目的是使设计者在画图过程上更加方便的对准目标和引脚。

· Visible(可视栅格)

该选项可用来设置可视化栅格的尺寸。可视栅格的设定只决定图样上实际显示的栅格的距离，不影响光标的移动。如当设定 Visible = 10 时，图样上实际显示的每个栅格的边长为 10 个长度单位。

注意：锁定栅格和可视栅格的设定是相互独立的，两者互相不影响。

(5) Electrical Grid(电气节点)。如果用鼠标左键选中 Electrical Grid 设置栏中 Enable 左面的复选框，如图 3-12 所示，使复选框中出现 "√" 符号表明选中此项，则此时系统在连接导线时，将以箭头光标为圆心以 Grid 栏中的设置值为半径，自动向四周搜索电气节点。当找到最接近的节点时，就会把十字光标自动移到此节点上，并在该节点上显示出一个红色 "×" 符号。

如果设计者没有选中此功能，则系统不会自动寻找电气节点。

(6) Change System Font(改变系统字型)。用鼠标左键单击图 3-12 所示的 Sheet Options 设置栏中的 Change System Font 按钮，界面上将出现字体设置窗口，如图 3-15 所示。设计者可以在此处设置元器件引脚号的字型、字体和字号大小等。

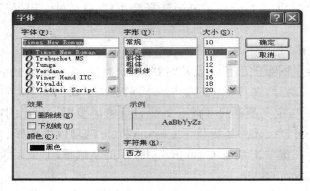

图 3-15　字体设置窗口

2. Parameters 标签页(图纸属性设置)

在图 3-12 中，单击 Parameters 标签，即可打开 Parameters 标签页，如图 3-16 所示。

该标签下是一个列表窗口，在列表窗口内可设置有关文档变量。在该选项卡中，可以分别设置文档的各个参数属性，比如设计公司名称与地址、图样的编号以及图样的总数，文件的标题名称与日期等。具有这些参数的对象可以是一个元件、元件的管脚或端口、原理图的符号、PCB 指令或参数集，每个参数均具有可编辑的名称和值。

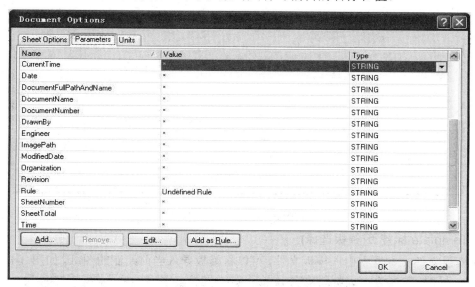

图 3-16　Parameters 标签页

单击 Add 按钮、Edit 按钮或者 Add as Rule 按钮，系统都将显示 Parameter Properties 对话框并且可以进行添加、删除或者编辑变量的操作，如图 3-17 所示。

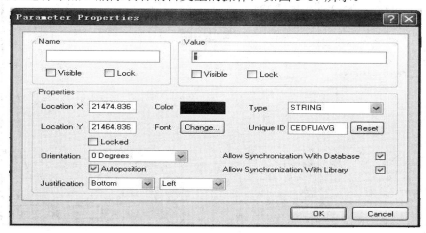

图 3-17　Parameter Properties 对话框

3. Units 标签页(单位设置)

在绘制原理图的过程中有时需要对单位进行转换，可以在此选择英制单位或者公制单位，如图 3-18 所示。

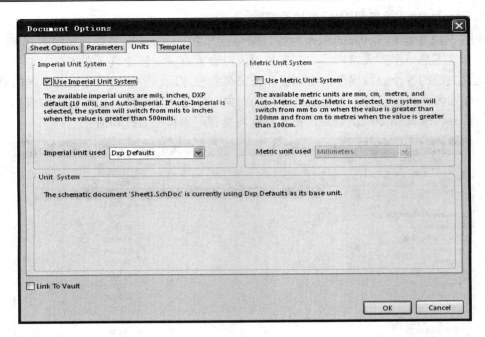

图 3-18　Units 标签页

4. Template 标签页(模板选择)

在模板文件文本框中引入模板文件,可以将模板导入当前绘制的图纸,如图 3-19 所示。

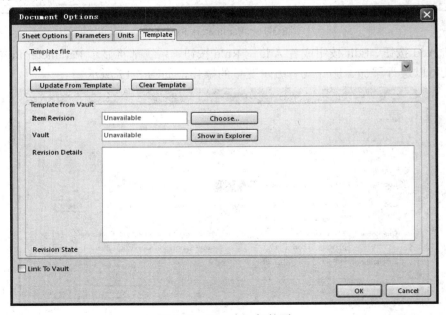

图 3-19　Template 标签页

3.2.3　创建原理图模板

对于设计者来说,可以使用 Altium Designer 自带的各种模板,也可以使用自己创建的模板。创建原理图模板是为了使用方便规范，因为每个公司都有自己的 LOGO，也有自己的审核、校对、项目名称、编号之类的。在这节里将介绍设计者是如何建立自己的模板，主要针对图纸标题栏的创建。

1. 在利用 Standard 标题栏的模式下设置内容

(1) 在 Document Options 对话框中的 Title Block 标题栏类型中选择 Standard 选项。

(2) 在 Document Options 对话框中点击 Parameters 标签，参照表 3-2 对图纸的设计参数信息进行设置，结果如图 3-20 所示。对于表 3-2 中的 Value 内容也可以自己进行修改。

表 3-2   图纸设计参数信息表

Name	Value
Title	电路原理图名称
DocumentNumber	文档数量
Revision	版本 1.1
DrawnBy	设计者名字
SheetNumber	1
SheetTotal	5

图 3-20   Parameters 标签参数设置

(3) 执行命令 Place >> Text String，在放置状态下按 Tab 键，系统将弹出 Annotation 对话框。在该对话框中 Text 下拉框中选择特殊字符串"=title"，如图 3-21 所示。按 OK 按钮，随光标移到图纸右下角的图纸参数区的 Title 空白区。其他的图纸参数信息也可以按照这个方法放置到相应的位置上。最后在标题栏显示，如图 3-22 所示。

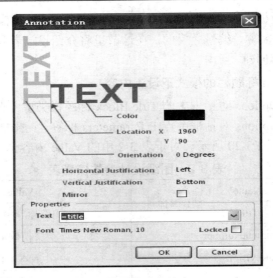

图 3-21　放置特殊字符串=Title

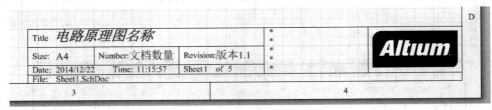

图 3-22　标题栏显示内容

2. 自己规划标题栏

(1) 在 Document Options 对话框中 Title Block 前的复选项不选。

(2) 先确定要用的表格以及 logo 的大小，规划好区域。在分区域时所用的划线是利用 Place >> Drawing Tools >> Line 命令来绘制的。在区域规划完毕后，执行命令 Place >> Text String，在放置状态下按 Tab 键，系统将弹出 Annotation 对话框，在该对话框中 Text 处输入所要显示的内容，点击确定即可，如图 3-23 所示。

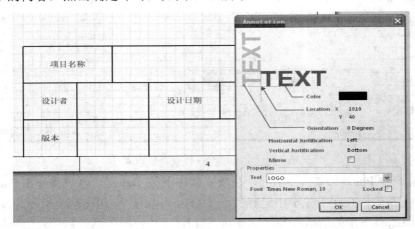

图 3-23　原理图模板内容编辑

(3) 将设计用到的"项目名称、设计者、设计日期、版本、LOGO"等信息添加到参数中去。执行命令 Place >> Text String，并选择对应的选项。

- 项目名称：= Title
- 设计者：= DrawnBy
- 设计日期：= Date
- 版本：= Revision

对于 LOGO 的添加则需用到 Place >> Drawing Tools >> Graphic 命令，例如放入一个 JPEG 格式的浙江科技学院 LOGO。最后完成效果如图 3-24 所示。

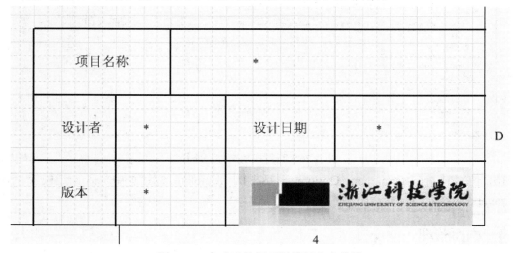

图 3-24　完成后的原理图模板内容编辑

(4) 注意保存文件类型为原理图模板。执行命令 File >> Save As，在弹出的另存为对话框中选择文件类型为 Advanced Schematic template(*.SxhDot)，并输入模板文件名，如图 3-25 所示。

图 3-25　保存模板文件

(5) 将这个自建模板文件拷贝到模板文件夹。其中模板文件夹的路径可以通过系统参数来查看。具体地应执行 DXP >> Preferences 命令，在 Preferences 对话框中打开 Data Management >> Templates 命令，在 Template location 框中就可以查看模板文件夹路径，如图 3-26 所示。

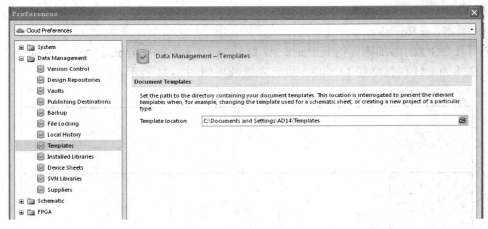

图 3-26　查看模板文件夹路径

(6) 使用时，在 Document Options 对话框的 Template 标签页中加入自建模板，并在 Parameters 标签页相应参数中输入标题栏信息。

3.2.4　画面管理

设计者在绘图的过程中，需要经常查看整张原理图或只看某一个部分，所以要经常改变显示状态，缩小或放大绘图区。

1. 通过菜单放大或缩小图纸显示

系统提供了 View 菜单来控制图形区域的放大与缩小，可以在不执行其他命令时使用这些命令，否则应使用键盘操作。View 菜单如图 3-27 所示。

下面介绍菜单中主要命令的功能：

(1) Fit Document 命令。该命令可以把整张电路图都缩放在窗口中，也可以用来查看整张原理图。

(2) Fit All Objects 命令。该命令可以使绘图区中的图形填满工作区。

(3) Area 命令。该命令可以放大显示用户设定的区域。这种方式是通过确定用户选定区域中对角线上的两个角的位置，来确定需要进行放大的区域。首先执行此菜单命令，然后移动十字光标到目标的左上角位置，再拖动鼠标，将光标移动到目标的右下角适当位置，单击鼠标左键加以确认，即可放大所框选的区域。

(4) Selected Objects。该命令可以放大所选择的对象。

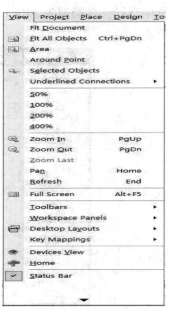

图 3-27　View 菜单

（5）Around Point 命令。该命令要用鼠标选择一个区域，指向要放大范围的中心，按左键确定一中心，再移动鼠标展开此范围，单击鼠标左键，即完成定义，并将该范围放大至这个窗口。

（6）采用不同的比例显示命令。View 菜单命令提供了 50%、100%、200% 和 400% 四种显示方式。

（7）Zoom In 与 Zoom Out 命令。该命令用于放大或缩小显示区域。也可以在主工具栏中选择 🔍 图标来进行放大，选择 🔍 图标来进行缩小。

（8）Pan 命令。该命令用于移动显示位置。在设计电路时，设计者经常要查看各处的电路，所以有时需要移动显示位置，这时可执行此命令。在执行本命令之前，要将光标移动到目标点，然后执行 Pan 命令，目标点位置就会移动到工作区的中心位置显示，也就是以该目标点为屏幕中心，显示整个屏幕。

（9）Refresh 命令。该命令用于刷新画面。在滚动画面、移动元件等操作时，有时会造成显示的画面含有残留的斑点或图形变形问题，这虽然不影响电路的正确性，但不美观。这时，可以通过执行此菜单命令来更新画面。

2. 通过键盘来实现图纸的缩放

当系统处于其他绘图命令下时，设计者无法用鼠标去执行一般的命令显示状态，此时要放大或缩小显示状态，必须采用功能键来实现。

（1）按 Page Up 键，可以放大绘图区域。

（2）按 Page Down 键，可以缩小绘图区域。

（3）按 Home 键，可以从原来光标下的图纸位置，移位到工作区中心位置来显示。

（4）按 End 键，可以对绘图区的图形进行刷新，从而恢复正确的显示状态。

（5）移动当前位置。将光标指向原理图编辑区，按下鼠标右键不放，光标变为手状，拖动鼠标即可移动查看的图纸位置。

3. 通过快捷键实现图纸的显示

在系统中，可以通过设置快捷键的方法来让菜单处于激活状态。任何子菜单都有自己的快捷键可以用来激活。比如 Eidt >> DeSelect 命令能直接用一个热键来实现。激活 Eidt >> DeSelect >> All on Current Document 命令，只需按下 X 热键，并且按下 S 热键即可。

（1）通过按下菜单里有下划线的字母，比如前面提到的 View >> Fit Document 命令，可以通过按下 V 键跟 D 键来实现。

（2）通过执行 View >> Workspace Panels >> Help >> Shortcuts 命令，或者在右下角的面板标签页中点击 Shortcuts 选项，打开快捷键表，如图 3-28 所示。这个表里罗列了各种操作的的快捷键，但是在不同的编辑窗口下会有不同的快捷键。

图 3-28　操作对应的快捷键

3.3 原理图元件库加载

绘制电路原理图时，在放置元件之前，必须先将该元件所在的元件库载入，否则元件无法被放置。但如果一次载入过多的元件库，将会占用较多的系统资源，影响计算机的运行速度。所以，一般的做法是只载入必要而常用的元件库，其他特殊的元件库当需要时再载入。

Altium Designer 提供了数量庞大、分类明确的元件。一般采用两级分类的方法来存放：
- 一级分类是以元件制造厂家的名称分类。
- 二级分类是在一级分类下面以元件种类进行分类。

如果在系统安装时元件库不够丰富，用户可以自行前往 Altium 网站下载，另外为了提高设计效率，建议用户首先熟悉元件的制造厂家和元件种类等信息，以便在调用所用元件时知道加载其所在的元件库。

3.3.1 元件库管理器

浏览元件库可以执行命令 Design >> Browse Library，系统将弹出如图 3-29 所示的元件库管理器。也可以通过点击工作区右侧的 Libraries 标签打开，或者点击工作区右下角的面板标签中的 System >> Libraries 命令。

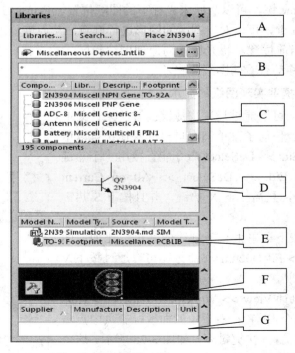

图 3-29   元件库管理器

在元件库管理器中，从上至下各部分功能说明如下：

（1）3 个按钮的功能为：

· Libraries：用于"装载 / 卸载元件库"。

· Search：用于查找元件。

· Place：用于放置元件。

（2）A 下拉列表框，在其中可以看到已添加到当前开发环境中的所有集成库。

（3）B 下拉列表框可以用来设置过滤器参数。该框是用于设置元件显示的匹配项的操作框。"＊"符号表示匹配任何字符。

（4）C 框为元件信息列表，包括元件名、元件说明及元件所在集成库等信息。

（5）D 框为所选元件的原理图模型展示。

（6）E 框为所选元件的相关模型信息，包括 PCB 封装模型，进行信号仿真时用到的仿真模型，进行信号完整性分析时用到的信号完整性模型。

（7）F 框为所选元件的 PCB 模型展示。

（8）G 框为所选元件的厂家等信息。

3.3.2　元件库加载和卸载

如果要进行元件库的加载和卸载，可以单击图 3-29 中的 Libraries 按钮，系统将弹出如图 3-30 所示的 Available Libraries 对话框；也可以直接执行命令 Design >> Add / Remove Library。

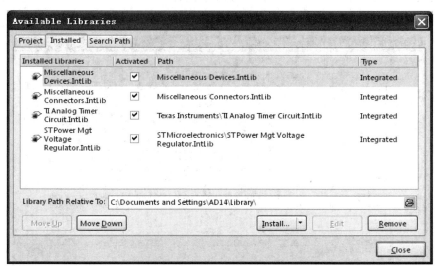

图 3-30　Available Libraries 对话框

在该对话框中，可以看到有 3 个选项卡：

1. Project 选项卡

Project 选项卡可以用来显示与当前项目相关联的元件库。

（1）在该选项中单击 Add Library 按钮，即可向当前工程中添加元件库，如图 3-31 所示。添加元件库的默认路径为 Altium Designer 14 安装目录下 Library 文件夹的路径，里面按照厂家的顺序给出了元器件的集成库，用户可以从中选择自己想要安装的元件库，然后单击打开按钮，就可以把元件库添加到当前工程中了。

图 3-31　打开元件库对话框

(2) 在该选项卡中选中已经存在的文件夹，然后单击 Remove 按钮，就可以把该元件库从当前工程项目中删除。

2. Installed 选项卡

Installed 选项卡可以用来显示当前开发环境已经安装的元件库。任何装载在该选项卡中的元件库都可以被开发环境中的任何工程项目所使用，如图 3-32 所示。

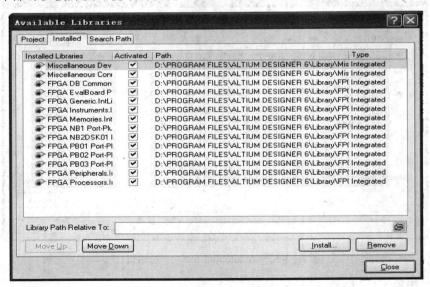

图 3-32　可利用元件库对话框

(1) 使用 Move Up 和 Move Down 按钮，可以把列表中的选中的元件库上移或下移，从而可以改变其在元件库管理器中的显示顺序。

(2) 在列表中选中某个元件库后，单击 Remove 按钮就可以将该元件库从当前开发环境移除。

(3) 如果用户想要添加一个新的元件库，则可以单击 Install 按钮，系统将弹出如图 3-31 所示的打开元件库对话框。用户可以从中寻找自己想要加载的元件库，然后单击打开按钮，就可以把元件库添加到当前的开发环境中了。

3.3.3　元件查找

Altium Designer 包含了几十个公司的数千个元件，如果对元件库不熟悉，则很难快速找到需要的元件所在的元件库。Altium Designer 提供了友好的元件搜索功能，可以帮助用户快速定位元件及其元件库。元件库管理器为设计者提供了查找元件的工具，即在元件库管理器中，单击 Search 按钮，系统将弹出如图 3-33 所示的 Libraries Search 对话框，执行命令 Tools >> Find Component 也可弹出该对话框。在该对话框中，可以设定查找对象，以及查找范围，可以查找的对象为包含在 "*.IntLib" 文件中的元件。

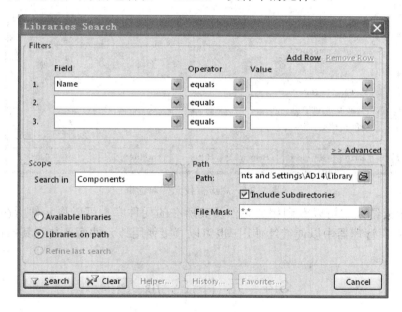

图 3-33　查找元件对话框

该对话框的操作、使用方法如下：

(1) Scope 操作框是用来设置查找的范围。Search in 搜索选项包括四个选项：Components(搜索元件)、Footprints(搜索封装)、3D Models(搜索 3D 模式)和 Database Components(元件数据库搜索)。

当选中 Available Libraries 单选项时，则在已经装载的元件库中查找，并且在 Path 操作框中选择搜索库的正确路径；当选中 Libraries on Path 单选项时，则在制定的目录中进行查找。

(2) Path 操作框是用来设定查找的对象的路径，该操作框的设置只有在选中 Libraries on Path 选项时有效。Path 可以设置查找的目录，如果选中 Include Subdirectories 复选框，则包含在指定目录中的子目录也可以进行搜索。File Mask 可以设定查找对象的文件匹配域，"." 符号表示匹配任何字符串。

(3) 可以在 Filters 操作框中输入要查询的内容，选择匹配方式，点击 Search 按钮则开始搜索，找到所需的元件后，点击位于最上方的 Stop 按钮停止搜索。

也可以把搜索类型选为 Advanced(高级)，即点击右边 >> Advanced 选项，在文本框中输入要搜索的元件。这里可以利用通配符"*"来快速准确地找到所需要的元件。比如输入"RES*"，表示要搜索的元件名称以 RES 开头，后面可以是任意字符，如图 3-34 所示。

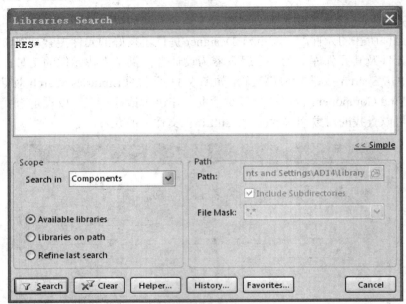

图 3-34　高级查找元件对话框

(4) 从搜索结果中可以看到相关元件及其所在的元件库。可以将元件所在的元件库直接装载到元件库管理器中以便继续使用；也可以直接使用该元件而不装载其所在的元件库。

3.4　元 件 的 放 置

在原理图绘制的过程中，将各种所需的元件从元件库里放置到图纸上是很重要的操作。用户可以根据元件之间的走线等关系，对元件在工作平面上的位置进行调整、修改，并对元件的编号、封装进行定义和设定，为下一步工作打好基础。

3.4.1　放置元件

系统提供了两种放置常规元件的方法：一种是通过菜单命令来放置元件，一种是使用元件库管理器来实现。另外系统还提供了对特殊元件对象的放置，包括电源和地线元件、常用数字元件。

1. 通过输入元件名来放置元件

如果确切知道元件的名称，最方便的做法是在 Place Part 对话框中输入元件名后放置元件。具体操作步骤如下：

(1) 执行命令 Place >> Part 或直接单击连线工具栏上的 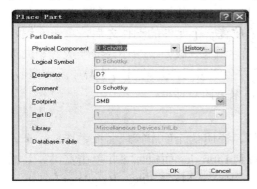 按钮，即可打开如图 3-35 所示的 Place Part 对话框。可放置的对象有下列三种情况：

① 放置最近一次放置过的元件，即 Physical Component 所指示的元件，点击 OK 按钮即可。

② 放置历史元件(以前放置过的元件)。点击对话框中 History 按钮，打开如图 3-36 所示的历史元件列表 Placed Parts History 对话框，从中选择目标元件后单击该对话框中的 OK 按钮，再单击 Place Part 对话框中的 OK 按钮即可放置以前放置过的元器件。

图 3-35　Place Part 对话框

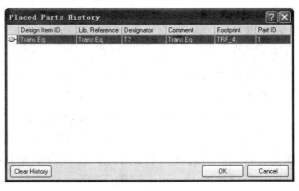

图 3-36　Placed Parts History 对话框

③ 放置指定库中的元件。点击 Choose 按钮，系统将打开如图 3-37 所示的浏览元件库对话框(Browse Libraries 对话框)，从指定库中选择目标元件后首先点击 Browse Libraries 对话框中的 OK 按钮，再单击 Place Part 对话框中的 OK 按钮即可放置选中的元器件。(其中 Mask 区域用来设置过滤条件，以便从元件库中精确定位目标元件)。

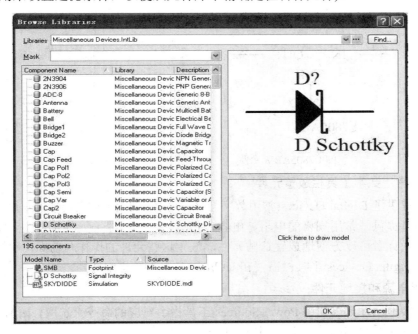

图 3-37　浏览元件库对话框

(2) 在如图 3-35 所示的对话框中的 Designator 编辑框中输入当前元件的序号(例如 Q1)。当然也可以不输入序号，即直接使用系统的默认值 "Q?"，等到绘制完电路全图之后，通过执行菜单命令 Tools >> Annotate，就可以轻易地将原理图中所有元件的序号重新编号。

假如现在为这个元件指定序号(例如 Q1)，则在以后放置相同形式的元件时，其序号将会自动增加(例如 Q2、Q3、Q4 等等)。

(3) 在 Comment 编辑框中可以输入该元件的注释。

(4) 在如图 3-35 所示的 Footprint 框中输入元件的封装类型。设置完毕后，单击对话框中的 OK 按钮，屏幕上将会出现一个可随鼠标指针移动的元件符号，拖动鼠标将它移到适当的位置，然后单击鼠标左键使其定位即可。完成放置一个元件的动作之后，单击右键，系统会再次弹出 Place Part 对话框，等待输入新的元件编号。假如现在还要继续放置相同形式的元件，就直接单击 OK 按钮，新出现的元件符号会依照元件封装自动地增加流水序号。如果不需再放置新的元件，可直接单击 Cancel 按钮来关闭对话框。

2. 从元件管理器的元件列表中选取放置

下面以放置一个 L7805 稳压电源模块电路为例，说明从元件库管理面板中选取一个元件并进行放置的过程。首先在原理图编辑平面上找到 Libraries 面板标签并单击左键。其次在元件管理器的 Libraries 栏的下拉列表框中选取 ST Power Mgt Voltage Regulator.IntLib 选项，然后在元件列表框中找到 L7805ABV，并选定它。(如果 Libraries 栏的下拉列表框中还没有 ST Power Mgt Voltage Regulator.IntLib 集成库的请参考 3.2.2 元件库的加载的步骤先加载。)最后单击 Place L7805ABV 按钮，此时屏幕上会出现一个随鼠标指针移动的元件图形，将它移动到适当的位置后单击鼠标左键使其定位即可。也可以直接在元件列表中用鼠标左键双击 L7805ABV 将其放置到原理图中，如图 3-38 所示。

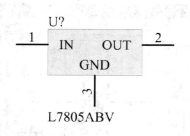

图 3-38　放置的 L7805ABV 元件　　　　图 3-39　Digital Devices 工具栏

3. 使用常用数字工具栏放置元件

系统还提供了 Digital Devices(常用数字元件)工具栏，如图 3-39 所示。常用数字元件工具栏为设计者提供了常用规格的电阻、电容、与非门、寄存器等元件，使用该工具栏中的元件按钮，设计者可以方便地放置这些元件，放置这些元件的操作与前面所讲的元件放置操作类似。Digital Devices 工具栏需要在 Utilities 多用工具栏中选择。

4. 放置电源和接地元件

电源和接地元件可以使用 Power Sources 工具栏上对应的命令来选取，如图 3-40 所示。该工具栏可以通过 Utilities 多用工具栏来打开。

根据需要可按下该工具栏中的某一电源按钮，这时光标变为十字状，拖着该按钮的图形符号，移动鼠标到图纸上合适的位置单击左键，即可放置这一元件。在放置过程中和放置后设计者都可以对其进行编辑。

电源元件还可以通过执行菜单命令 Place >> Power Port 或 Wiring 工具栏中的 ⏚ 和 ⊤ᵛᶜᶜ 图标来调用。

在放置电源元件的过程中，按 Tab 键，系统将会出现如图 3-41 所示的 Power Port 对话框。对于已放置了的电源元件，在该元件上双击，或在该元件上单击右键弹出快捷菜单，使用快捷菜单中的 Properties 命令，也可以调出 Power Port 对话框。

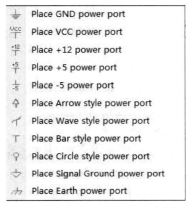

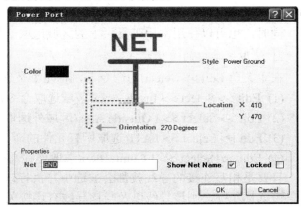

图 3-40　Power Sources 工具栏　　　　　　　图 3-41　Power Port 对话框

在对话框中可以编辑电源属性，在 Net 编辑框可修改电源符号的网络名称；单击 Color 的颜色框，可以选择显示元件的颜色；单击 Orientation 选项后面的字符，系统会弹出一个选择旋转角度的对话框，如图 3-42 所示，设计者可以选择旋转角度；单击"Style"选项后面的字符，系统会弹出一个选择符号样式的对话框，如图 3-43 所示，设计者可以选择符号样式；确定放置元件的位置后可以修改"Location"的 X、Y 的坐标数值。

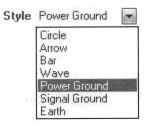

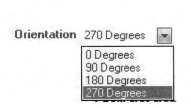

图 3-42　选择旋转角度　　　　　　　　图 3-43　选择符号样式

3.4.2　调整元件位置

设计者都希望自己绘制的原理图美观且便于阅读，元件的布局是关键的操作。元件位置的调整就是利用 Altium Designer 14 系统提供的各种命令将元件移动到合适的位置，并旋转为合适的方向，使整个编辑平面元件布局均匀。

1. 选择元件

在进行元件位置调整前，应先选择元件，下面介绍最常用的几种选择元件的方法：

1) 通过快捷方式选取对象

(1) 点击鼠标，选取单个对象：在目标对象(包括元件、导线、总线等)上单击鼠标左键，目标对象周围将出现一个虚线框，并且其顶点上有绿色矩形块标记。

(2) 选取多个对象：在按下 Shift 键的同时多次单击鼠标左键，就可以选择多个对象。

(3) 拖拽鼠标。使用该操作可以选取一个区域内的所有对象，视区域大小不同，可选取单个或多个对象，具体操作方法如下：在原理图图纸上按住鼠标左键，光标变成十字状，继续按住鼠标左键并移动，可以看见拖出了一个虚线框，移动光标到合适位置处松开鼠标，即可选中矩形框中的所有元件。

同时，也可以使用常用工具栏上的区域选取工具 ▨ 图标来进行区域选取。

2) 使用菜单中的选择元件命令

在主菜单 Edit >> Select 的命令下，有几个是选择元件的命令。

(1) Edit >> Select >> Inside Area(区域选取命令)，用于选取规划区域内的对象。

(2) Edit >> Select >> I Outside Area(区域外选取命令)，用于选取区域外的对象。

(3) Edit >> Select >> I A11(选取所有元件的命令)，用于选取图纸内所有元件。

(4) Edit >> Select >> I Connection(选取连线命令)，用于选取指定的导线。使用该命令时，只要是相互连接的导线就都会被选中。执行该命令后，光标变成十字状，在某一导线上单击鼠标左键，则该导线以及与该导线有连接关系的所有导线都被选中。

(5) Edit >> Select >> I Toggle Selection(切换式选取命令)。执行该命令后，光标变为十字状，在某一元件上单击鼠标，则可选中该元件，再单击下一元件，又可以选中下一元件，这样可连续选中多个元件。如果元件以前已经处于选中状态，单击该元件可以取消选中。

2. 取消元件选择

已经选中对象后，想取消对象的选中状态，可以通过菜单项和工具栏工具来实现。

1) 单击鼠标左键解除对象的选取状态

(1) 解除单个对象的选取状态。如果只有一个元件处于选中状态，这时只需在图纸上非选中区域的任意位置单击鼠标左键即可。当有多个对象被选中时，如果想解除个别对象的选取状态，这时只需将光标移动到相应的对象上，然后单击鼠标左键即可。此时其他先前被选取的对象仍处于选取状态。接下来你可以再解除下一个对象的选取状态。

(2) 解除多个对象的选取状态。当有多个对象被选中时，如果想一次解除所有对象的选取状态，这时只需在图纸上非选中区域的任意位置单击鼠标左键即可。

(3) 使用标准工具栏上解除命令。在标准工具栏上有一个解除选取图标 ▨ ，单击该图标后，图纸上所有带有高亮标记的被选对象将全部取消其被选状态，高亮标记消失。

2) 使用菜单中相关命令实现

执行菜单命令 Edit >> DeSelect 可实现解除选中的元件。

(1) Edit >> DeSelect >> Inside Area 命令，可以将选框中所包含的元件的选中状态都取消。

(2) Edit >> DeSelect >> Outside Area 命令，可以将选择框外所包含的元件的选中状态都取消。

(3) Edit >> DeSelect >> All On Current Document 命令，可以取消当前文档中所有元件

的选中状态。

(4) Edit >> DeSelect >> All Open Documents 命令，可以取消所有已打开文档中元件的选中状态。

(5) Edit >> DeSelect >> Toggle Selection 命令，可以切换式取消元件的选中状态。在某一选中元件上单击鼠标，则元件的选中状态被取消。

3. 元件的移动

Altium Designer 14 提供了两种移动方式：一是不带连接关系的移动。即移动元件时，元件之间的连接导线就断开了；二是带连接关系的移动，即移动元件的同时，跟元件相关的连接导线也一起移动。有些参考书中把第二种也称为拖动元件。

(1) 通过鼠标拖拽实现。首先用前面介绍过的选取对象的方法选择单个或多个元件，然后把光标指向已选中的一个元件上，按下鼠标左键不动，并拖拽至理想位置后松开鼠标，即可完成移动元件操作。

(2) 使用菜单命令实现。菜单 Edit 的子项 Move 下包含跟移动元件相关的命令。执行菜单 Edit >> Move 中各个移动命令，可对元件进行多种移动，分述如下：

① Drag。当元件连接有线路时，执行该命令后，光标变成十字状。在需要拖动的元件上单击，元件就会跟着光标一起移动，元件上的所有连线也会跟着移动，不会断线，如图 3-44 所示。执行该命令前，不需要选取元件。上述只是带连接关系的移动的一种操作，它还可以利用 Ctrl 键 + 鼠标左键来实现。具体是先按住 Ctrl 键 + 鼠标左键选中元件，然后一直按住 Ctrl 键 + 鼠标左键移动元件到想要的位置。

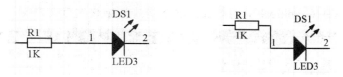

(a) 移动前的元件　　　　　　(b) 移动后的元件

图 3-44　Drag 移动元件操作

② Move。该命令用于移动元件。但该命令只移动元件，不移动连接导线。

③ Move Selection 与 Move 命令相似，只是它们移动的是已选定的元件。另外，这个命令适用于多个元件一起同时移动的情况。

④ Drag Selection 与 Drag 命令相似，只是它们移动的是已选定的元件。另外，这个命令适用于多个元件一起同时移动的情况。

⑤ Move To Front。这个命令是平移和层移的混合命令。它的功能是移动元件，并且将它放在重叠元件的最上层，操作方法同 Drag 命令。

⑥ Bring To Front。该命令可以将元件移动到重叠元件的最上层。执行该命令后，光标变成十字状，单击需要层移的元件，该元件立即被移到重叠元件的最上层。单击鼠标右键，结束层移状态。

⑦ Send To Back。该命令可以将元件移动到重叠元件的最下层。执行该命令后，光标变成十字状，单击要层移的元件，该元件立即被移到重叠元件的最下层。单击鼠标右键，结束该命令。

⑧ Bring To Front Of。该命令可以将元件移动到某元件的上层。执行该命令后，光标变成十字状。单击要层移的元件，该元件暂时消失，光标还是十字状，选择参考元件，单击鼠标，原先暂时消失的元件重新出现，并且被置于参考元件的上面。

⑨ Send to Back Of。该命令可以将元件移动到某元件的下层，操作方法同 Bring To Front Of 命令。

4. 元件的旋转与翻转

放置元件时，元件默认都是 0°，即水平方向的。原理图中需要元件各种方向放置，有的元件属性中带有方向选项，可以选择元件的方向。Altium Designer 14 专门提供了元件旋转和翻转的命令。

1) 元件的旋转

元件的旋转实际上就是改变元件的放置方向。这里提供了两种很方便的旋转操作。

(1) 使用菜单命令实现。

• 选择 Edit >> Move >> Rotate Select 命令，此时光标变成十字架，在要旋转的元件上单击，元件即逆时针旋转 90°。也可以通过鼠标左键按住元件，再按空格键来实现。

• 选择 Edit >> Move >> Rotate Select >> clockwise 命令，此时光标变成十字架，在要旋转的元件上单击，元件即顺时针旋转 90°。也可以通过鼠标左键按住元件，再按 Shift + 空格键来实现。当在已经选中元件的情况下，执行上述菜单命令或快捷键，元件立马旋转。

(2) 利用 Properties 属性设置。让光标指向需要旋转的元件，按鼠标右键，从弹出的快捷菜单中选择 Properties 命令，然后系统将弹出"Component Properties"对话框，如图 3-45 所示。此时可以在 Graphical 下的 Orientation 选择框中设定旋转角度。

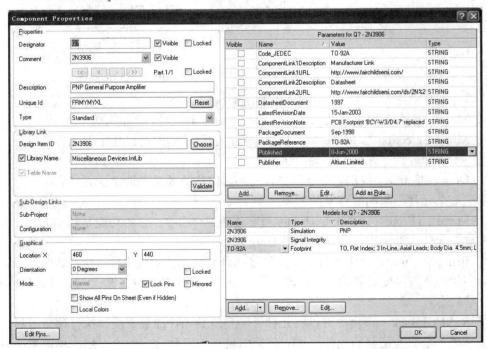

图 3-45 Component Properties 对话框

2) 元件的翻转

在选择放置元件的状态下按 X 键可以实现左右翻转元件，按 Y 键可以实现上下翻转元件。如果元件已经放置在图纸上，只需要用鼠标左键单击元件并一直按住，再按 X 键或者 Y 键来实现左右和上下翻转。

5. 元件的排列和对齐

在绘制原理图的过程中，为了使原理图美观和可读，可以将原理图元件排列整齐。系统提供了排列和对齐的命令。

选中要对齐的元件，在菜单 Edit >> Align 命令下选择对齐命令，实现相应的对齐方式。

(1) Edit >> Align >> Align Left 命令，可以将选中的元件向最左边的元件对齐。

(2) Edit >> Align >> Align Right 命令，可以将选中的元件向最右边的元件对齐。

(3) Edit >> Align >> Align Horizontal Center 命令，可以将选中的元件向最左边元件和最右边元件的中间位置对齐。

(4) Edit >> Align >> Align Horizontally 命令，可以将选中的元件向最左边元件和最右边元件之间等间距对齐。

(5) Edit >> Align >> Align Top 命令，可以将选中的元件向最上面的元件对齐。

(6) Edit >> Align >> Align Bottom 命令，可以将选中的元件最下面的元件对齐。

(7) Edit >> Align >> Align Vertical Centers 命令，可以将选中的元件向最上面元件和最下面元件的中间位置对齐。

(8) Edit >> Align >> Align Vertically 命令，可以将选中的元件向最左边元件和最右边元件之间等间距对齐。

(9) Edit >> Align >> Align To Gride 命令，可以将选中的元件对齐在网格点上，从而便于电路连接。

(10) Edit >> Align >> Align 命令，执行该命令将弹出 Align Objects 对话框，如图 3-46 所示。可以分别在 Horizontal Alignment 水平对齐和 Vertical Alignment 垂直对齐选项组中选择排列对齐的方式。总共有五种选择：

- No Change(保持不变)。
- Left(左边)/Top(顶端)。
- Center(正中)。
- Right(右边)/Bottom(底部)。
- Distribute equally(等距分布)。

在对话框下面的 Move primitives to grid 选项是将元件放到网格点上。

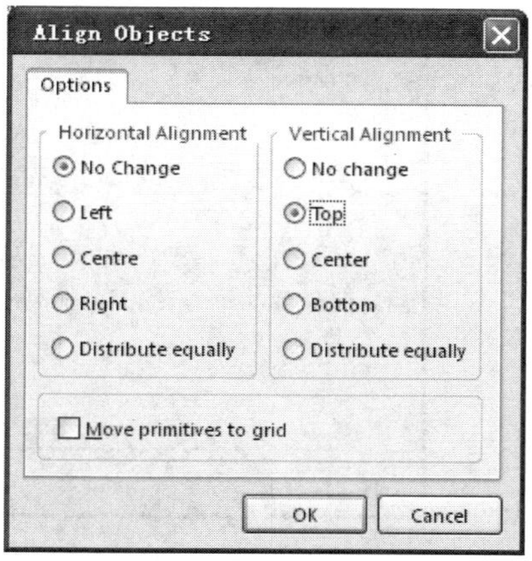

图 3-46　Align Objects 对话框

6. 元件的复制、粘贴与删除

Altium Designer 14 系统提供的复制、剪切、粘贴和删除功能跟 Windows 中的相应操作十分相似，所以比较容易掌握，下面就这 4 项功能做简要地介绍：

(1) 复制。选中目标对象后，执行菜单 Edit 中的 Copy 命令，将会把选中的对象复制到剪切板中。该命令等价与工具栏快捷工具 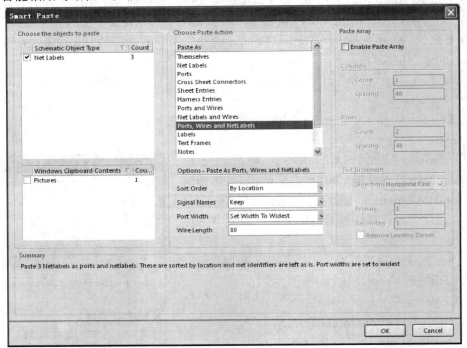 的功能，快捷键为 Ctrl + C。

(2) 剪切。选中目标对象后，执行菜单中 Edit >> Cut 命令，将会把选中的对象移入剪切板中。该命令等价与工具栏快捷工具 的功能，快捷键为 Ctrl + X。

(3) 粘贴。执行菜单 Edit 中的 Copy 命令，把光标移到图纸中，可以看见粘贴对象呈浮动状态随光标一起移动，然后在图纸中的适当位置单击鼠标左键，就可把剪切板中的内容粘贴到原理图中。该命令等价于工具栏快捷工具 的功能，快捷键为 Ctrl + V。

(4) 删除。删除元件可通过菜单 Edit 中的 Clear 或 Delete 命令来实现。快捷键为 Delete。Clear 和 Delete 命令的区别在于利用 Clear 命令时，前提是要选中对象，而 Delete 命令没有这个要求。

另外 Altium Designer 14 系统为用户提供了智能粘贴功能。按照设定的阵列粘贴能够一次性地将某一对象或对象组合重复地粘贴到图纸中，而且在粘贴选择对象时可以一次性将其转换为其他对象。例如，你可以复制一个网络标号，用智能粘贴可以粘贴成端口，或者你选择原理图输入端口，可以粘贴为"端口 + 导线 + 网络标号"。

先选定一个对象，执行菜单中 Edit >> Smart Paste 命令或快捷键(Ctrl + Shift + V)，系统将弹出智能粘贴对话框，如图 3-47 所示。下面介绍智能粘贴对话框中的设置：

图 3-47　智能粘贴对话框

(1) Choose the objects to paste 命令，可以选择粘贴的对象。

(2) Choose Paste Action 命令，可以选择粘贴的行为，即把所选择的对象在原理图中转换成什么样的对象。可能的转换包括：

① 端口，原理图页面输入端口或网络标号可以同等的转化成端口，原理图页面输入端口，网络标号，或者一个文本框/注释或一个端口和网络标号(带连线)。

② 标签，文本框或注释可以转化成标签，文本框或注释。

③ Windows 的剪切文本可以转化成网络标签、端口、原理图页面输入端口、标签、文本框、注释或端口和网络标号(带连线)。

④ Windows 剪切板里的图形可以转化成图像。

(3) Paste Array 命令，可以用于设置阵列粘贴的参数。

启用此选项可以把选择的对象复制成一个二维阵列，并将创建拷贝的行数和列数。点击 OK 按钮，系统将会在文档上提示选择插入阵列的起始位置。只需光标移动到想要的位置然后点击即可。

① Columns 栏中的 Count 选项可以在阵列粘贴中具体设置复制元件阵列的列数。Spacing 编辑框用于设置阵列元件中的每列相邻元件的间距。若设置为正数，则元件由下到上排列，若设置为负数，则元件由上到下排列。

② Rows 栏中的 Count 框可以用来设置复制元件阵列的行数，Spacing 编辑框用于设置阵列元件中每行相邻元件的间距，即行间距。若设置为正数，则元件由左向右排列，若设置为负数，则元件由右向左排列。

③ Text Increment 栏用于设置阵列中元件编号递增的参数。

• Direction 下拉列表中的选项命令可以确定元件编号递增的方向。其包含三个选项：None 项(表示元件编号不递增)、Horizontal First(表示元件编号递增的方向是先水平方向从左向右递增，再竖直方向由下往上递增)、Vertical First(表示先竖直方向由下往上递增，再水平方向从左向右递增)。

• Primary 编辑框用于设置每次递增时，元件主编号的递增数量。既可以设置为正数(递增)，也可以设置为负数(递减)。

• Secondary 编辑框用于在复制引脚时，设置引脚序号的递增量。既可以设置为正数(递增)，也可以设置为负数(递减)。

例如选中原理图中的三个网络标号并将其复制到剪切板上(Ctrl + C)。执行菜单中 Edit >> Smart Paste 命令在弹出的智能粘贴对话框中 Choose Paste Action 部分选择 Ports，Wires and NetLabels 选项，设置 Paste Array 中列为 2 列，间距为 150，点击 OK 即可实现阵列粘贴和对象转化，结果如图 3-48 所示。

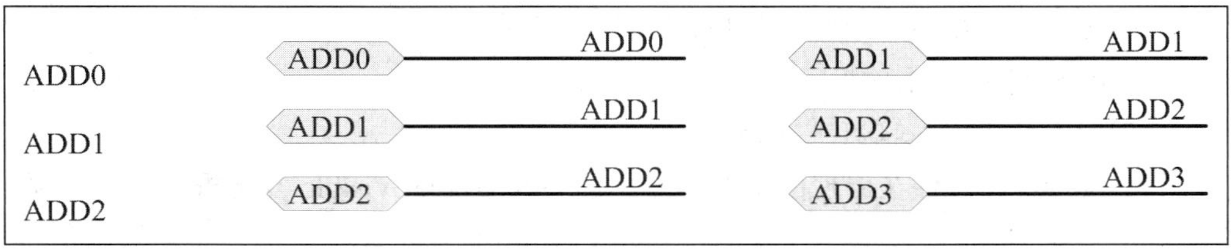

图 3-48 三个网络标号复制转化结果

3.4.3 编辑元件属性

绘制原理图时，往往需要对元件的属性进行重新设置，下面介绍如何设置元件属性。

在将元件放置在图纸之前，元件符号可随鼠标移动，如果按下 Tab 键就可以打开如图 3-49 所示的 Component Properties(元件属性)对话框，可在此对话框中编辑元件的属性。

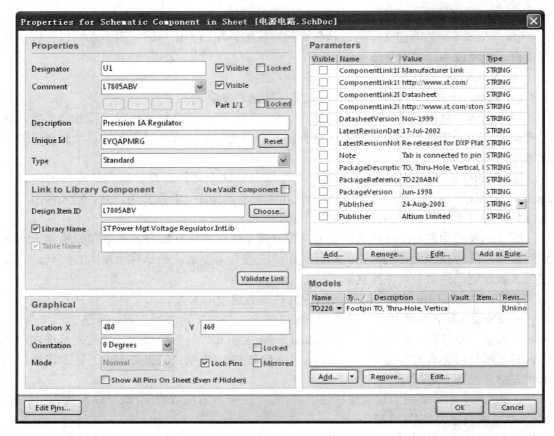

图 3-49　Component Properties 对话框

如果已经将元件放置在图纸上，则要更改元件的属性时，可以执行命令 Edit >> Change 来实现。该命令可将编辑状态切换到对象属性编辑模式，此时只需将鼠标指针指向该对象，然后单击鼠标左键，即可打开 Component Properties 对话框。另外，也可以用鼠标直接双击元件，系统也可以弹出 Component Properties 对话框。还可以让光标指向需要的元件，按鼠标右键，从弹出的快捷菜单中选择 Properties 命令，然后系统会弹出 Component Properties 对话框，此时设计者就可以进行元件属性编辑操作。

1. Properties(属性)操作框

该操作框中的内容包括以下选项：

• Designator。元件在原理图中的序号，选中其后面的 Visible 复选框，则可以显示该序号，否则不显示。

• Comment。该编辑框可以用来设置元件的注释，如前面放置的元件注释为 L7805ABV，可以选择或者直接输入元件的注释，选中其后面的 Visible 复选框，则可以显示该注释，否则不显示。

• ⟨⟨ ⟨ ⟩ ⟩⟩ 。对于由多个相同的子元件组成的元件来说，由于组成部分一般相同，如 74LS04 具有 6 个相同的子元件，一般以 A、B、C、D、E 和 F 来表示，此时可以选择此按钮来设定。

- Design Item ID。该编辑框为在元件库中所定义的元件名称。
- Library Name。该编辑框可以显示元件所在的元件库。
- Description。该编辑框为元件属性的描述。
- Unique Id。该编辑框可以用来设定该元件在本设计文档中的 ID，是唯一的。
- Type。在该编辑框下拉框中可以选择标准电气元件类型、机械元件类型、图标元件类型等。

2. Graphical 属性操作框

该操作框显示了当前元件的图形信息，包括图形位置、旋转角度、填充颜色、线条颜色、引脚颜色，以及是否镜像处理等编辑。

- 设计者可以修改 X、Y 的位置坐标，移动元件位置。Orientation 选择框可以用来设定元件的旋转角度，以旋转当前编辑的元件。设计者还可以选中 Mirrored 复选框，将元件进行镜像处理。
- Show All Pins。设计者可以通过该选项来决定是否显示元件的隐藏引脚，选择该选项时可以显示元件的隐藏引脚。
- Local Colors。选中该选项时，系统可以显示颜色操作，即可进行填充颜色、线条颜色、引脚颜色设置。
- Lock Pins。选中该选项，即可以锁定元件的引脚，此时引脚无法单独移动。

3. 元件参数列表(Parameters list)

在如图 3-49 所示的对话框的右侧为元件参数列表，其中包括一些与元件特性相关的参数，设计者也可以添加新的参数和规则。如果选中了某个参数左侧的复选框，则会在图形上显示该参数的值。

4. 元件的模型列表(Models list)

在如图 3-49 所示的对话框的右下侧为元件的模型列表，其中包括一些与元件相关的引脚类别和仿真模型，设计者也可以添加新的模型。对于用户自己创建的元件，掌握这些功能是十分必要的。通过下方的 Add 按钮可以增加一个新的参数项；Remove 按钮可以删除已有的参数项；Edit 按钮可以对选中的参数项进行修改。

下面以封装模型属性为例来讲述如何向元件添加这些模型属性。

(1) 在 Models list 编辑框中，单击 Add 按钮，系统将会弹出如图 3-50 所示的对话框，在该对话框的下拉列表中，选择 Footprint 模式。

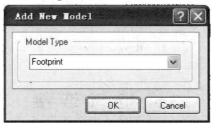

图 3-50　添加新的模型对话框

(2) 然后单击如图 3-50 所示的 OK 按钮，系统将弹出如图 3-51 所示的 "PCB Model" 对话框，在该对话框中可以设置 PCB 封装的属性。在 Name 编辑框中可以输入封装名，

Description 编辑框可以输入封装的描述。单击 Browse 按钮可以选择封装类型，系统会弹出如图 3-52 所示的 Browse Libraries 对话框，此时可以选择封装类型，然后单击 OK 按钮即可，如果当前没有装载需要的元件封装库，则可以单击图 3-52 中 Libraries 下拉框后的按钮来装载一个元件库，或按 Find 按钮来进行查找要装载的元件库。

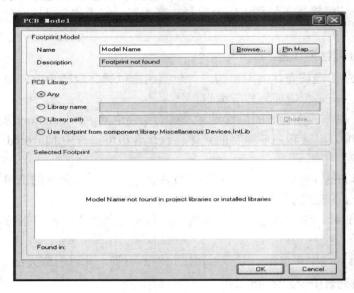

图 3-51　PCB Model 对话框

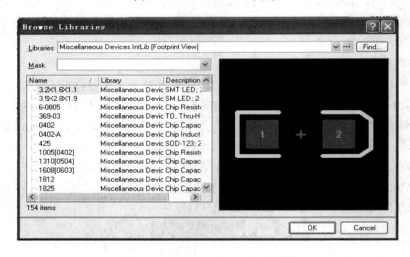

图 3-52　Browse Libraries 对话框

3.5　电 气 连 接

当所有电路元件、电源和其他对象放置完毕后，就可以进行原理图中各对象间的连线。连线的主要目的是按照电路设计的要求建立网络的实际连通性。电气连接包括导线、总线、网络标号等。

Altium designer 14 系统针对原理图的连接提供了多种调用操作方法。

第一种方法：执行菜单 Place 命令，或者鼠标在原理图空白处右击，在弹出的快捷菜单中选择 Place 命令。

第二种方法：在 Wiring 工具栏中选择相应的图标操作。

有关 Place 命令和 Wiring 工具栏中图标的操作和功能介绍如表 3-3 所示。

表 3-3 Place 命令下和 Wiring 工具栏中图标

按钮图标	菜单命令	功能
	Place >> Wire	绘制导线
	Place >> Bus	绘制总线
	Place >> Bus Entry	绘制总线分支
Net1	Place >> Net Label	设置网络标号
	Place >> Power Port	设置电源及接地符号
	Place >> Part	放置元器件
	Place >> Wire	放置导线接点
D1	Place >> Port	放置电路端口
	Place >> Sheet Symbol	放置层次电路图表符
	Place >> Add Sheet Entry	添加层次电路入口
	Place >> Device Sheet Symbol	放置层次电路器件
D1	Place >> Off Sheet Connector	放置层次电路离图连接
	Place >> Harness >> Signal Harness	放置信号线束
	Place >> Harness >> Harness Connector	放置线束连接器
	Place >> Harness >> Harness Entry	放置线束入口

3.5.1 绘制导线

当所有的电路对象与电源元件放置完毕后，就可以着手进行电路图中各对象间的连线 (Wiring)。连线的最主要目的是按照电路设计的要求建立网络的实际连通性。

1. 导线的绘制

要进行连线操作时，可执行菜单命令 Place >> Wire 或者单击 Wiring Tools 工具栏上的 图标，将编辑状态切换到连线模式，此时鼠标指针的形状也会由空心箭头变为大十字。这时只需将鼠标指针指向预拉线的一端，此时将会自动出现一个红色 "米" 字，单击鼠标左键，就会出现一个可以随鼠标指针移动的预拉线，当鼠标指针移动到连线的转弯点时，每单击鼠标左键一次就可以定位一次转弯。当拖动虚线到元件的引脚上并单击鼠标左键，或在任何时候双击鼠标左键，都会终止该次连线。若想将编辑状态切回到待命模式，可单击鼠标右键或按下 Esc 键。

当预拉线的指针移动到一个可建立电气连接的点时(通常是元件的引脚或先前已拉好

的连线),十字指针的中心将出现一个红色"米"字,此时单击鼠标左键确定导线的终点即完成一个有效的电气连接。此时可以接着绘制其他导线,如果想结束绘制导线,单击鼠标右键即可。

2. 导线的属性设置

第一种方法:当系统处在放置导线状态下按下 Tab 键时,系统将弹出 Wire(导线)属性对话框,如图 3-53 所示。

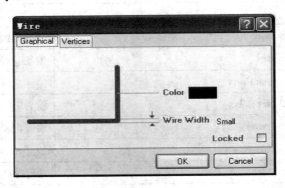

图 3-53　Wire 属性对话框

第二种方法:如果已经将导线放置在图纸上,用鼠标直接双击导线即可打开 Wire(导线)属性对话框。

第三种方法:执行菜单命令 Edit >> Change,此时光标变成十字形。将光标指向并单击导线,就可以打开 Wire(导线)属性对话框。

第四种方法:将光标指向导线,按鼠标右键,从弹出的快捷菜单中选择 Properties 命令,然后系统就会弹出 Wire(导线)属性对话框。

这四种方法均适用于针对各种元件对象的属性打开方式,在实际应用中第一种和第二种使用比较普遍。本书在以后涉及到元件对象的属性打开方式只介绍第一种和第二种的操作步骤,有关另外两种方法请设计者参考上述的介绍。

Wire(导线)属性对话框中的各项含义如下:

· Color:设置导线颜色。单击 Color 右侧的颜色块,系统将弹出颜色选择对话框,可以用于修改连线的颜色。

· Wire Width:设置导线宽度。Wire Width 右侧的下拉框用于修改连线的宽度,共四种导线宽度:Smallest、Small、Medium、Large。

· Locked:用于确定总线分支线是否处于选中状态。

· Vertices:修改导线的端点。单击 Vertices(顶点)标签,可以观察导线的端点数及位置。可以通过添加、删除端点数和位置的设置来修改导线走向。

3. 走线模式

Altium Designer 14 为设计者提供了四种走线模式:90°走线、45°走线、任意角度走线和自动布线。系统默认的导线放置模式为 90°走线。使用 Shift + Space 键可以进行四种模式之间的切换。当处在 90°模式(或 45°模式)时,按 Space 键可以变换走线转 90°(或 45°)的方向;当处在任意模式(或自动模式)时,再按 Space 键可以在任意模式与自动模式间切换。

为了在设计者之间阅读方便，一般绘制导线采用 90° 走线和 45° 走线模式。

3.5.2 绘制总线

总线是一组具有相同属性信号线的集合，例如地址总线、数据总线。在原理图中合理的使用总线，可以使电路图简洁明了。

1. 绘制总线

(1) 执行菜单命令 Place >> Bus 或者用鼠标左键单击 Wiring 工具栏中的 [图标] 图标。总线绘制方法同导线的绘制。绘制总线的效果如图 3-54 所示。

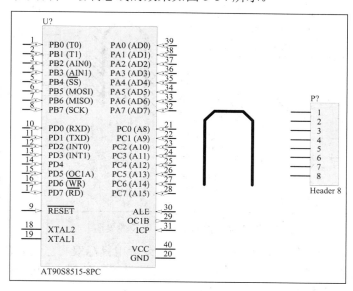

图 3-54 绘制总线效果图

(2) 在放置总线状态下按下 Tab 键，或者用鼠标双击已经放置在图纸上的总线，在弹出的 Bus 对话框中可以进行属性设置，如图 3-55 所示。有关总线的属性设置和导线的设置基本相同，在此不再赘述。

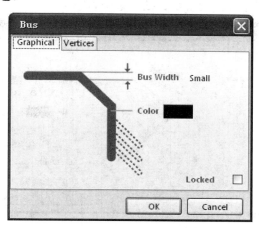

图 3-55 Bus 对话框

2. 绘制总线分支线

(1) 执行菜单命令 Place >> Bus Entry 或者用鼠标左键单击 Wiring 工具栏中的 图标，把分支线放置在总线上，可以通过按 Space 键旋转分支线的方向。绘制总线分支线的效果如图 3-56 所示。

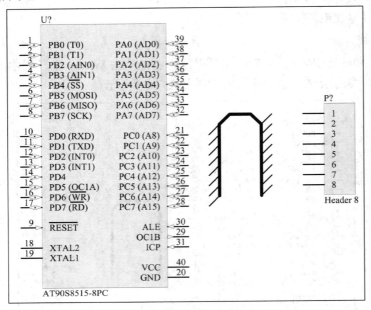

图 3-56　绘制总线分支线效果图

(2) 在放置总线分支线状态下按下 Tab 键，或者用鼠标双击已经放置在图纸上的总线分支线，在弹出的 Bus Entry 对话框中可以进行属性设置，如图 3-57 所示。

Bus Entry(总线分支线)属性对话框中的各项含义如下：

- Location X1、Location Y1 为总线分支线的起点位置。
- Location X2、Location Y2 为总线分支线的终点位置。
- Line Width 右侧下拉框可以用于设置线宽。与导线宽度相同，也有四种。
- Locked 用于确定总线分支线是否处于选中状态。

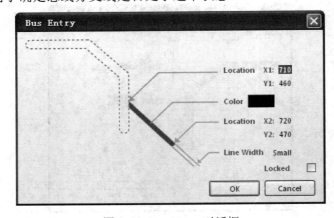

图 3-57　Bus Entry 对话框

3. 绘制信号线连接到分支线

绘制信号线连接到分支线如图 3-58 所示。

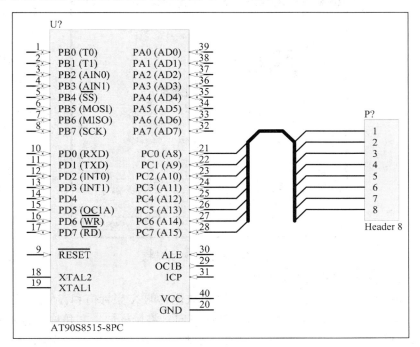

图 3-58 完成连线部分效果图

4. 放置网络标号

放置网络标号，这部分内容参考下一节介绍。

3.5.3 放置网络标号

在总线中聚集了多条并行导线，但是怎样表示这些导线之间的具体连接关系呢？另外在比较复杂的原理图中，有时两个需要连接的电路(或元件)距离很远，甚至不在同一张图纸上，该怎样进行电气的连接呢？这些都要用到网络标号。

网络标号的物理意义是电气连接点。在电路图上具有相同网络标号的电气连线是连在一起的。即在两个以上没有相互连接的网络中，应该把连接在一起的电气连接点定义成相同的网络标号，使它们在电气含义上属于真正的同一网络。也就是说在工程中具有相同网络标号名字的电气连接点在电气上都是连在一起的，而不管它们物理上是不是用导线连在一起。

网络标号多用于层次电路、多模块电路之间的连接和具有总线结构的电路图中。

1. 网络标号的放置

(1) 执行菜单命令 Place >> Net Label 或者用鼠标左键单击 Wiring 工具栏中的 <kbd>Net</kbd> 图标。此时，光标将变成十字状，并且将随着虚线框在工作区内移动。

(2) 接着按下 Tab 键，工作区内将出现如图 3-59 所示的 Net Label 对话框。在该对话框中进行相应的设置，设置完毕后，单击 OK 按钮即可。

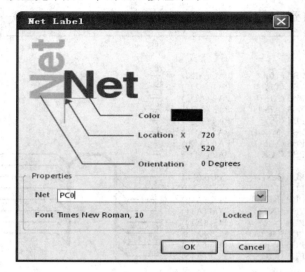

图 3-59　Net Label 对话框

- Color：用来设置网络名称的颜色。
- Location X 和 Y：用来设置网络名称所放位置的 X 坐标值和 Y 坐标值。
- Orientation：用来设置网络名称放置的方向。将鼠标放置在角度位置，系统则会显示一个下拉按钮，单击下拉按钮即可打开下拉列表，其中包括四个选项 0 Degrees、90 Degrees、180 Degrees 和 270 Degrees。
- Net 编辑框：用来设置网络名称，也可以单击其右边下拉按钮选择一个网络名称。
- Font：用来设置所要放置文字的字体，单击 Font 右侧字体属性，系统会出现"字体"对话框。

(3) 将虚线框移到所需标注的连线的上方，只有当在连线上面出现红色的"米"字时，单击鼠标左键，即可将设置的网络标号粘贴上去。如果在没有出现红色的"米"字的情况下把网络标号粘贴在连线附近，那么此时这个连线和网络标号不是同一个网络或者没有连接。

另外也可以按 Space 键来改变其方向。

(4) 设置完成后，单击鼠标右键或按 Esc 键，即可退出设置网络标号命令状态，回到待命状态。

2. 网络标号的属性编辑

如果要在放置过程中进行编辑，如上述方法。对已经放置在图纸上的网络标号，可以通过双击鼠标，在弹出的 Net Label 对话框中进行编辑。

3. 注意问题

(1) 网络标号要放置在元器件管脚引出的导线上，不要直接放置在元器件的引脚上。

(2) 如果定义的网络标号最后一位是数字，在下一次放置时，网络标号的数字将自动加 1。

(3) 网络标号是有电气意义的，千万不能用任何字符串来代替。

上一节总线绘制后添加网络标号的效果，如图 3-60 所示。

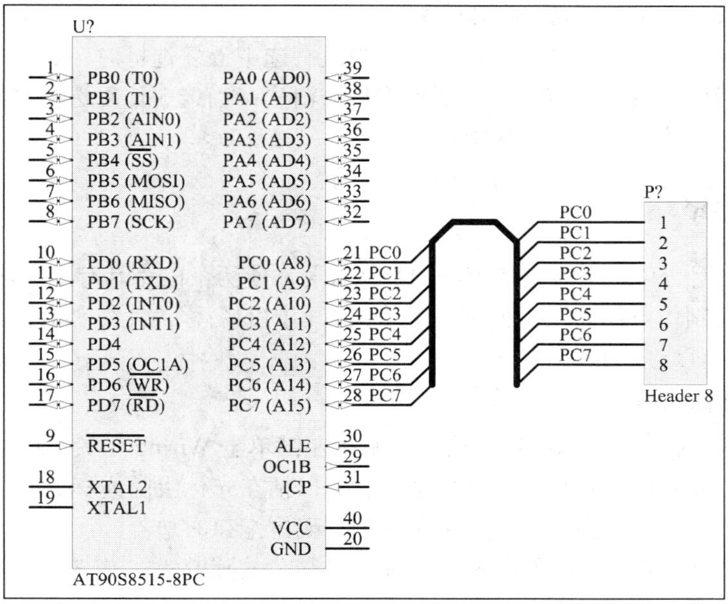

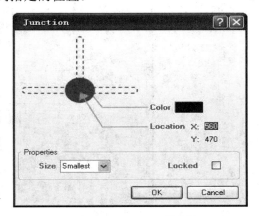

图 3-60 添加网络标号后的总线

3.5.4 放置电路节点

所谓电路节点，是指当两条导线交叉时相连接的状况。对电路原理图的两条相交的导线，如果没有节点存在，则认为该两条导线在电气上是不相通的；如果存在节点，则表明二者在电气上是相互连接的。

1. 电气节点的放置

(1) 执行菜单命令 Place >> Junction，或者用鼠标左键单击 Wiring 工具栏中的 按钮。

(2) 此时，带着节点的十字光标将出现在工作平面内。用鼠标将节点移动到两条导线的交叉处，单击鼠标左键，即可将线路节点放置到指定的位置。

(3) 放置好一个节点后，可以继续放置节点。单击鼠标右键或按下 Esc 键，即可退出放置节点命令状态，回到闲置状态。

2. 电气节点的属性编辑

如果设计者对节点的大小等属性不满意，可以在放置节点状态下按下 Tab 键或者用鼠标双击已经放置在图纸上的节点，打开如图 3-61 所示的 Junction 对话框。

Junction(节点)对话框包括的各项含义如下：

• Location X、Y：节点中心点的 X 轴、Y 轴坐标。一般不用设置，随着节点移动而变。

图 3-61 Junction 对话框

• Size：选择节点的显示尺寸。设计者可以分别选择节点的尺寸为 Large(大)、Medium(中)、Small(小)和 Smallest(最小)。

• Locked：设置是否锁定显示位置。当没有选中该复选框时，如果原先的连线被移动以至于无法形成有效的节点时，本节点将自动消失；当选中该复选框时，无论如何移动连线，节点都将维持在原先的位置上。

3.5.5 放置电路端口

如前所述，用户可以通过设置相同的网络标号，使两个电路具有电气连接关系。此外，用户还可以通过制作电路端口，使某些电路具有相同的名称，使得它们被视为同一网络，从而在电气上具有连接关系。

1. 电路端口的放置

(1) 执行菜单命令 Place >> Port 或者用鼠标左键单击 Wiring 工具栏中的 ▣ 按钮。

(2) 此时光标变成十字形，且一个浮动的端口粘在光标上随光标移动。单击鼠标左键确定端口的左边界。在适当位置单击鼠标左键，确定端口右边界。

(3) 放置好一个端口后，单击鼠标左键可以继续放置节点。单击鼠标右键或按下 Esc 键，可以放置状态。

2. 电路端口的属性编辑

在放置电路端口状态下按下 Tab 键，或者用鼠标双击已经放置在图纸上的电路端口，在弹出的 Port Properties(端口)对话框中进行属性设置。如图 3-62 所示，可以设置电路端口的名称、宽度、颜色、位置、类型等属性。

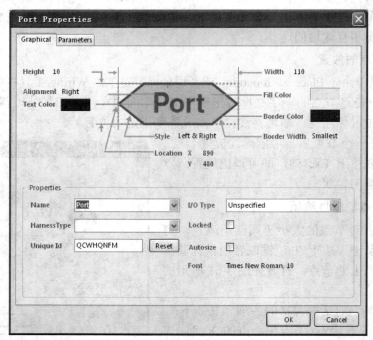

图 3-62　Port Properties 对话框

Port Properties(端口)对话框包括的重要项的含义如下：

- Style：电路端口外形。其包含 Left、Right、Top、Bottom、Left&Right、Top&Bottom、None(Horizoatal)、None(Vertical)选项。
- Alignment：电路端口名在端口框中的显示位置。其有 Left、Right、Center 选项。
- Name：电路端口名称。
- I/O Type：电路端口的电气特性。其包含 Unspecified、Output、Input、Bidirectional 选项。

3. 改变电路端口的大小

通过属性对话框可以改变电路端口的大小，另外对于已经放置在图纸上的端口，可以通过鼠标拖拽操作来实现。步骤如下：

(1) 单击已经放置好的端口，端口周围将出现虚线框。

(2) 用鼠标左键拖动虚线框上的控制点，即可改变大小。

3.5.6　放置信号束系统

信号束可以对多个信号进行逻辑分组，包含信号线、总线和其他信号束。它可以作为单一实体适用到整个工程中。一个信号束有四个关键的要素：信号束(Signal Harness)、束连接器(Harness Connector)、束入口(Harness Entry)、束定义文件(Harness Definition File)。

1. 放置信号束连接器

(1) 执行菜单命令 Place >> Harness >> Harness Connector 或者用鼠标左键单击 Wiring 工具栏中的 按钮，然后单击鼠标左键将其放置在图纸上。

(2) 用鼠标拖拽可以改变信号束连接器大小，操作同上面介绍的改变电路端口大小步骤一样。另外可以通过按 Space 键来改变信号束连接器的方向。

放置两个信号束连接器如图 3-63 所示。

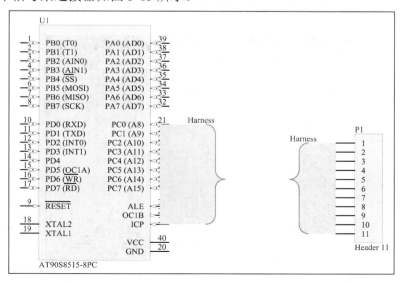

图 3-63　放置两个信号束连接器

在放置信号束连接器的状态下按下 Tab 键，或者用鼠标双击已经放置在图纸上的信号束连接器，在弹出的 Harness Connector(信号束连接器)对话框中进行属性设置。如图 3-64 所示，可以设置信号束连接器的类型名称、宽度、颜色、位置等属性。

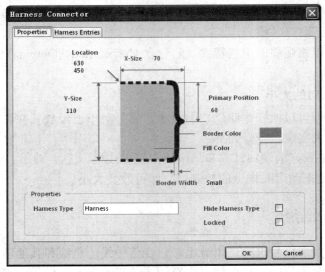

图 3-64　Harness Connector 对话框

2. 放置信号束入口

放置信号束入口有两种方法：

第一种方法：执行菜单命令 Place >> Harness >> Harness Entry 或者用鼠标左键单击 Wiring 工具栏中的 按钮，当光标靠近要连接的电气端口时，光标会变成红色的"米"字形，此时单击鼠标左键，可以完成一个信号束入口的放置。

第二种方法：在信号束连接器属性对话框中单击 Harness Entries 标签，如图 3-65 所示。单击 ADD 按钮，即可增加一个信号束入口。通过鼠标左键单击 Entry 栏下的入口名称进行修改。

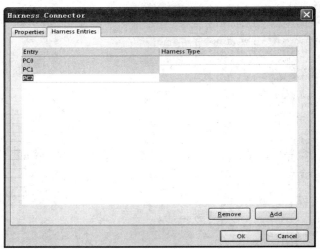

图 3-65　Harness Connector 对话框的 Harness Entries 标签

　　在放置信号束入口的状态下，把光标移动到要连接的端口时(即光标变成红色"米"字形)，按下 Tab 键，或者用鼠标双击已经放置在图纸上的信号束入口，在弹出的 Harness Entry(信号束入口)对话框中进行属性设置。如图 3-66 所示，可以设置信号束入口的名称、颜色、字体等属性。

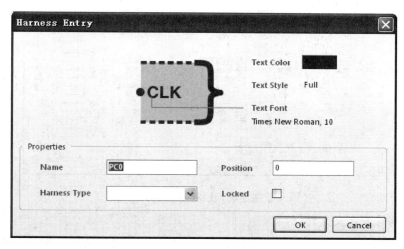

图 3-66　Harness Entry 对话框

放置好的信号束入口如图 3-67 所示。

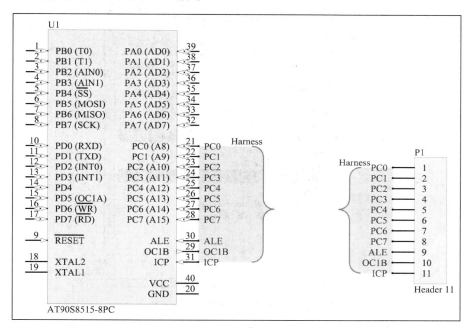

图 3-67　放置好信号束入口

3. 放置信号束

　　执行菜单命令 Place >> Harness >> Signal Harness 或者用鼠标左键单击 Wiring 工具栏中的 按钮，可以绘制信号束来连接两个信号连接器，如图 3-68 所示。

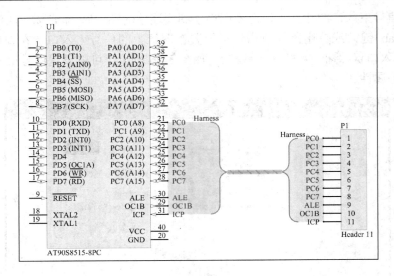

图 3-68　绘制好信号束

4. 查看信号束定义文件

对于一个包含信号束的设计，系统提供了一个信号束定义文件。每个信号束文件定义了信号束内的构成类型。在系统 Projects 面板区中展开对应工程的 Settings 项，可以找到 Harness Definitions Files 列表，如图 3-69 所示。在图中双击鼠标可以打开单片机的最小系统：Harness 文件，可看到 Harness 文件包含的信号束入口，如图 3-70 所示。

图 3-69　Harness Definitions Files 列表

Harness=PC0,PC1,PC2,PC3,PC4,PC5,PC6,PC7,ALE,OC1B,ICP

图 3-70　Harness 文件内容

3.6　使用绘图工具栏

在绘制电路原理图的过程中，除了有电气连接的导线和器件外，还有许多非电气元件的图元，它们给原理图提供了各种标注信息，使电路原理图更清晰，可读性更强。

Altium designer 14 系统针对原理图的连接提供了多种调用操作方法。

第一种方法：执行菜单命令 Place >> Drawing Tools 或者鼠标在原理图空白处右击，在弹出的快捷菜单中选择 Place >> Drawing Tools 命令。

第二种方法：在 Utilities 工具栏中选择相应的图标操作。

3.6.1　画直线

这里所说的直线(Line)完全不同于 Wiring Tools 工具栏中的导线(Wire)，因此在元件之间连线不用此直线来进行连接。下面将介绍画直线的步骤：

(1) 执行绘制总线的菜单命令 Place >> Drawing Tools >> Line。

(2) 此时，光标将变成十字状，系统进入"画直线"命令的状态。与画导线的方法类似，将光标移到合适位置，单击鼠标左键，确定总线的起点，然后开始画总线。

(3) 移动光标来拖动总线线头，在转折位置单击鼠标左键来确定总线转折点的位置，每转折一次都需要单击一次。当导线的末端到达目标点时，再次单击鼠标的左键来确定导线的终点。

(4) 单击鼠标右键，或按 Esc 键，结束这条直线的绘制过程。

(5) 画完一条直线后，系统仍然处于"画直线"命令状态。此时单击鼠标右键或按 Esc 键，系统将退出画总线命令状态。

注意：虽然画直线方法同绘制导线的方法，但是两者具有完全不同的意义，直线不具有电气连接属性，在编译时系统不会处理直线。

3.6.2　放置圆弧

绘制圆弧操作步骤如下：

(1) 执行菜单命令 Place >> Drawing Tools >> Elliptical Arc，这时光标变为十字形，并拖带一个虚线弧，如图 3-71 所示。

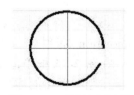

图 3-71　开始绘制圆弧

(2) 在待绘的圆弧中心处单击鼠标左键，然后移动鼠标会出现圆弧预拉线。接着调整好圆弧半径，然后单击鼠标左键，指针会自动移动到圆弧缺口的一端，调整好其位置后单击鼠标左键，指针会自动移动到圆弧缺口的另一端，调整好其位置后单击鼠标左键，就完成了该圆弧线的绘制，绘制好的圆弧如图 3-72 所示。这时系统会自动进入下一个圆弧的绘制过程，下一次圆弧的默认半径为刚才绘制的圆弧半径，开口也一致。

图 3-72　绘制好的圆弧

(3) 结束绘制圆弧操作后，单击鼠标右键或按下 Esc 键，即

可将编辑模式切换回等待命令模式。

(4) 编辑图形属性。如果在绘制圆弧线或椭圆弧线的过程中按下按 Tab 键，或单击已绘制好的圆弧线或椭圆弧线，则可打开其"属性"对话框。如图 3-73 所示为"圆弧属性"对话框，Elliptical Arc 对话框有 X-Radius、Y-Radius(X 轴、Y 轴半径)两种。其他的属性有X-Location、Y-Location(中心点的 X 轴、Y 轴坐标)、Line Width(线宽)、Start Angle(缺口起始角度)、End Angle(缺口结束角度)、Color(线条颜色)、Selection(切换选取状态)。

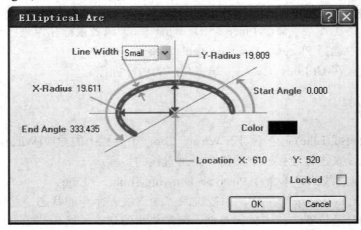

图 3-73　圆弧属性对话框

如果用鼠标左键单击已绘制好的圆弧线或椭圆弧线，可使其进入选取状态，此时其半径及缺口端点会出现控制点，我们可以拖动这些控制点来调整圆弧线或椭圆弧线的形状。此外，也可以直接拖动圆弧线或椭圆弧线本身来调整其位置。

3.6.3　放置注释文字

放置注释文字的操作如下：

(1) 执行菜单命令 Place >> Text String。

(2) 执行此命令后，鼠标指针旁边会多出一个十字和一个字符串虚线框。

(3) 在完成放置动作之前按 Tab 键，或者直接在 Text 字符串上双击鼠标左键，即可打开Annotation 对话框，如图 3-74 所示。

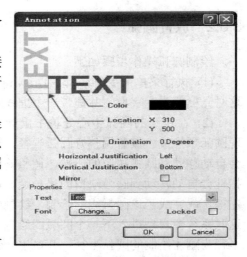

在图 3-74 框中最重要的属性是 Text 栏，它是显示在绘图页中的注释文字串(只能是一行)，可以根据设计者的需要来修改。此外还有其他几项属性：X-Location、Y-Location(注释文字的坐标)，Orientation(字串的放置角度)，Color(字串的颜色)，Font(字体)。

如果要将编辑模式切换回到等待命令模式，可在此时单击鼠标右键或按 Esc 键。

图 3-74　Annotation 对话框

如果想修改注释文字的字体，则可以单击 Change 按钮，系统将弹出一个字体设置对话框，此时可以设置字体的属性。

3.6.4　放置文本框

放置注释文字时仅限于一行的范围，如果我们需要放置多行的注释文字，就必须使用文本框(Text Frame)。放置文本框的操作步骤如下：

(1) 执行菜单命令 Place >> Text Frame。

(2) 执行放置文本框命令后，鼠标指针旁边会多出一个十字符号，在需要放置文本框的一个边角处单击鼠标左键，然后移动鼠标就可以在屏幕上看到一个虚线的预拉框，用鼠标左键单击该预拉框的对角位置，就结束了当前文本框的放置过程，并自动进入下一个放置过程。

放置了文本框后当前屏幕上应该有一个白底的矩形框，其中有一个"Text"字符串。如果要将编辑状态切换回到等待命令模式，可以单击鼠标右键或按 Esc 键。

(3) 在完成放置文本框的动作之前按 Tab 键，或者直接单击文本框，就会打开 Text Frame 对话框，如图 3-75 所示。

在这个对话框中最重要的选项是 Text 栏，它是显示在绘图页中的注释文字串，但在此处并不局限于一行。单击 Text 栏右边的 Change 按钮可打开如图 3-76 所示的 TextFrame Text 窗口，这是一个文字编辑窗口，我们可以在此编辑显示字串。

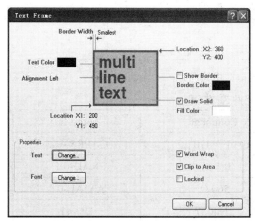

图 3-75　Text Frame 对话框

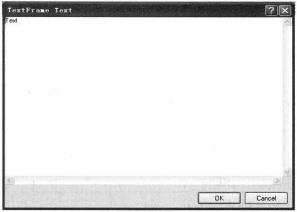

图 3-76　TextFrame Text 窗口

在 Text Frame 对话框中还有其他的一些选项，如：Location X1、Location Y1(文本框左下角坐标)，Location X2、Location Y2(文本框右上角坐标)，Border Width(边框宽度)，Border Color(边框颜色)，Fill Color(填充颜色)，Text Color(文本颜色)，Font(字体)，Draw Solid(设置为实心多边形)，Show Border(设置是否显示文本框边框)，Alignment(文本框内文字对齐的方向)，Word Wrap(设置字回绕)，Clip To Area(当文字长度超出文本框宽度时，自动截去超出部分)。

如果直接用鼠标左键单击文本框，可使其进入选中状态，同时会出现一个环绕整个文本框的虚线边框，此时可直接拖动文本框本身来改变其放置的位置。

其他的绘制工具和上述介绍的绘制工具使用方法类似，在此不在赘述。

3.7 绘制原理图实例

本节通过绘制单片机系统四个模块的电路原理图实例来说明怎样使用原理图编辑器来完成电路的设计工作。其中重点介绍元件的放置和元件的电气连接操作。

3.7.1 绘制单片机系统电源电路图

本例通过设计一个单片机系统电源电路，来介绍原理图设计步骤，并重点讲解图纸参数设置和元件库的加载。参考电路如图 3-77 所示和其对应的元件属性表如表 3-4 所示。主要的操作步骤如下。

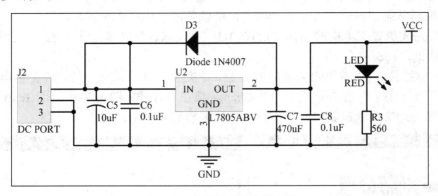

图 3-77　单片机系统电源电路

表 3-4　电源电路元件属性表

Lib Ref	Designator	Comment	Footprint
CAP2	C5、C7	10 μF、470 μF	CAPR5-4X5
CAP	C6、C8	0.1 μF	RAD-0.1
RES2	R3	560 Ω	AXIAL-0.4
Diode 1N4007	D3	1N4007	DO-41
Header_3	J2	DC PORT	HDR1X3
LED0	LED1	RED	LED-0
L7805ABV	U2	L7805ABV	TO220ABN

其中：U2 在 ST Power Mgt Voltage Regulator.IntLib 集成库中，其他的元件在 Miscellaneous Device.IntLib 和 Miscellaneous Connectors.IntLib 集成库中。

1. 创建 PCB 项目文件

启动 Altium Designer 14，执行 File >> New >> Project >> PCB Project 命令，创建 PCB 项目文件，命名为单片机系统例程，并保存，如图 3-78 所示。

图 3-78　单片机系统例程 PCB 项目文件

2. 创建原理图设计文件

在单片机系统例程 PCB 项目文件下，选择 File >> New >> Schematic 命令，在设计窗口中将出现一个命名为 Sheet1.SchDoc 的空白电路原理图并且该电路原理图将自动被添加到工程当中。通过执行菜单命令 File >> Save As 可以对新建的电路原理图进行重命名，命名为电源电路，如图 3-79 所示。

图 3-79　创建原理图文件

3. 设置图样参数

(1) 在原理图编辑环境下双击边框，或者单击鼠标右键打开鼠标右键快捷菜单，选择 Options >> Document Options 命令，或者执行 Design >> Document Options…命令，在弹出的文档选项对话框中 Sheet Options 标签里的选项均采用系统默认设置。

(2) 点击 Parameters 标签，对图纸设计参数信息进行如表 3-5 所示的内容来设置。设置好的 Parameters 标签信息如图 3-80 所示。

表 3-5　图纸设计参数信息表

Name	Value
Title	电源电路
DocumentNumber	1
Revision	1.1
DrawnBy	浙江科技学院
SheetNumber	1
SheetTotal	5

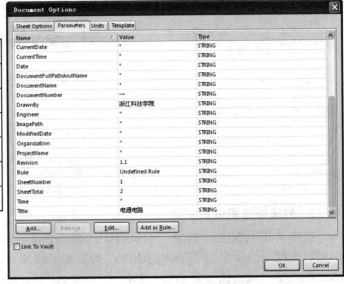

图 3-80　Parameters 标签参数设置

(3) 执行菜单命令 Place >> Text String，在放置状态下按 Tab 键，系统将弹出如图 3-81 所示的 Annotation 对话框。在该对话框的 Text 下拉框中选择 "=title" 选项，按 OK 按钮。随光标移到图纸的右下角的图纸参数区的 Title 空白区。其他的图纸参数信息也按照这个方法放置到相应的位置上，最后结果如图 3-82 所示。

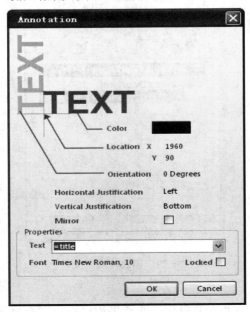

图 3-81　Annotation 对话框

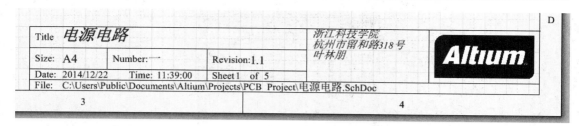

图 3-82　设置好图纸的标题栏

4. 加载元件库

根据电源电路的元件属性表可知，需要加载 ST Power Mgt Voltage Regulator.IntLib、Miscellaneous Device.IntLib 和 Miscellaneous Connectors.IntLib 三个元件库。由于系统默认已经装入了两个常用库：常用的接插件杂项库 Miscellaneous Connectors.IntLib 和常用的电气元件杂项库 Miscellaneous Device.IntLib，因此下面将介绍如何加载 ST Power Mgt Voltage Regulator.IntLib 库。

在 Libraries 面板中单击 Libraries 按钮，或者直接执行菜单命令 Design >> Add / Remove Library。在 Available Libraries 对话框中单击 Install 按键选择 Install from file 选项，加入 ST Power Mgt Voltage Regulator.IntLib，如图 3-83 所示。装载元件库后单击 Close 按钮，即装载完毕。

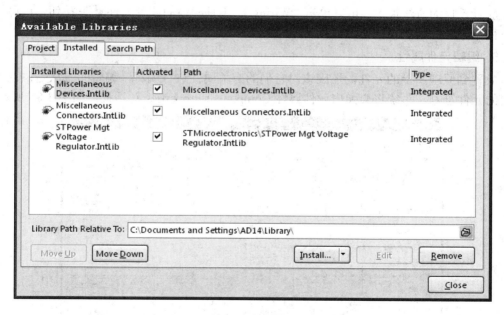

图 3-83　Available Libraries 对话框

5. 放置元件

在 Libraries 面板中选择 ST Power Mgt Voltage Regulator.IntLib 选项，在过滤框条件文本框中输入 L7805ABV，如图 3-84 所示。单击 Place L7805ABV 按钮，将选择的稳压电源芯片放置在原理图上。其他的元件的放置同上述操作，结合元件属性表，即可把所有的元件放置完毕。

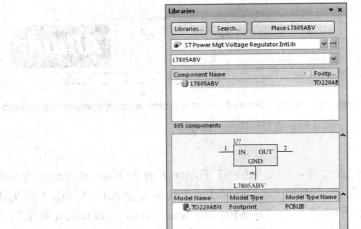

图 3-84　放置元件 L7805ABV 对话框

放置元件的方法很多，可以单击"Wiring"工具栏内的放置元件  按钮，也可执行菜单栏命令"Place\Part…"。

6. 编辑元件属性

放置到原理图上的元件，还应该对它们的有关属性进行编辑，编辑的方法是：双击要编辑的元件符号，系统将会弹出元件属性 Component Properties 对话框，如图 3-85 所示。

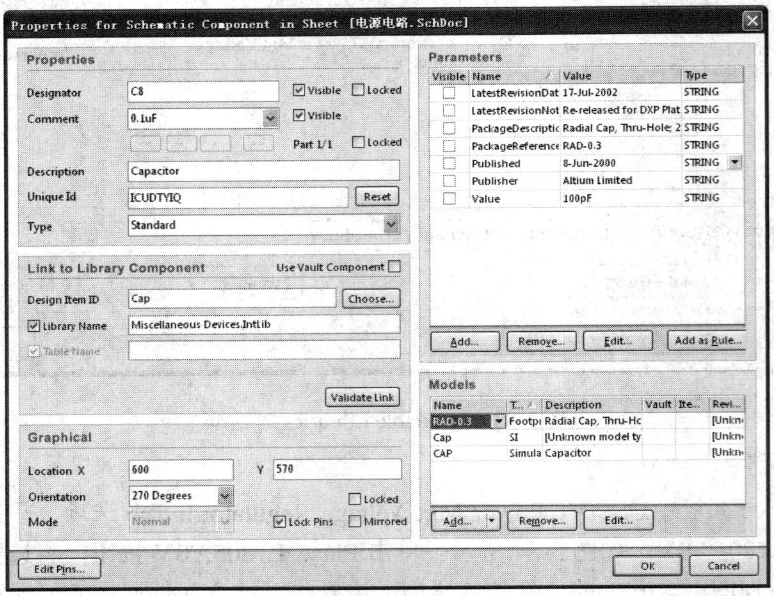

图 3-85　Component Properties 对话框

按照表 3-4 所示的元件属性定义对每个元件进行编辑。

(1) Designator 属性不要求和表中的一致，但是要求唯一，即不能重名。另外，由于这一节中的 4 个原理图是同属一个工程的，因此要求这 4 个原理图彼此之间的 Designator 属性不重名。也可以借助菜单命令 Tool >> Annonation Schematic 来批量修改，这个具体操作将在后面介绍。

(2) Comment 属性按照表 3-4 的内容输入即可。

(3) Footprint 属性要在图 3-85 的右下角 Models 区域内进行设置修改。比如图 3-38 所示的电容 C8 默认的封装为 RAD-0.3，和表 3-4 中给定的 RAD-0.1 不符，参考 3.4.3 节添加新的封装。

7. 放置电源和元件布局

单击 Wiring 工具栏中的 ⏚ 和 ᵛᶜᶜ 按钮，放置电源和地线。

根据电路图的连接合理地进行元件布局，在放置好元件和电源后，可利用移动和旋转功能对元件位置进行调整，调整后的电路原理图如图 3-86 所示。

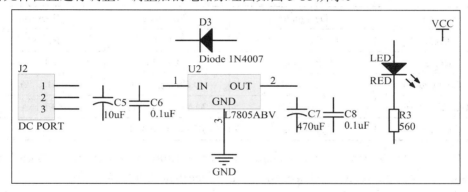

图 3-86　放置元件和电源的电路原理图

8. 连接线路

选择连线工具栏中的 ∿ 按钮，光标将变为十字状，将光标移到所画连线的元件引脚，当光标接近元件引脚时，则会在引脚处出现一个红"米"字形，这时可单击左键确定连线的起始点，接着按所画连线方向移动鼠标到另一元件的引脚，若连线中间有转折，则在转折位置处单击左键，然后按所画连线转折方向继续移动鼠标，待移到连线终点的元件引脚处时，单击左键，结束本条连线。这时光标仍处于十字状，可以开始下一条线的连接。依此操作直至完成所有连线的连接。最后可以按右键取消光标的十字形状，结束连线操作，回到待命状态。

完成电路原理图的设计后，单击工具栏中的存盘图标 💾 或执行菜单命令 File >> Save，保存原理图文件。

3.7.2　绘制单片机系统串口通信电路图

本例通过设计一个单片机系统串口通信电路来介绍原理图设计步骤，并重点讲解利用 Tab 键进行元件属性编辑。参考电路如图 3-87 所示和其对应的元件属性表如表 3-6 所示。

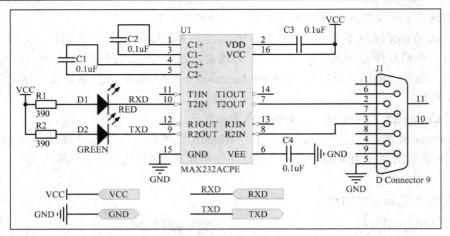

图 3-87　单片机系统串口通信电路

表 3-6　串口通信电路元件属性表

Lib Ref	Designator	Comment	Footprint
CAP	C1、C2、C3、C4	0.1 μF	RAD-0.1
RES2	R1、R2	390 Ω	AXIAL-0.4
D Connector 9	J1	D Connector 9	DSUB1.385-2H9
MAX232ACPE	U1	MAX232ACPE	PE16A
LED0	D1、D2	RED、GREEN	LED-0

其中：U1 在 Maxim Communication Transceiver.IntLib 集成库中，其他的元件在 Miscellaneous Device.IntLib 和 Miscellaneous Connectors.IntLib 集成库中。

1. 创建原理图设计文件

在单片机系统例程项目工程文件下，选择菜单命令 File >> New >> Schematic，在设计窗口中将出现一个命名为 Sheet1.SchDoc 的空白电路原理图并且该电路原理图将自动被添加到工程当中。通过执行菜单命令 File >> Save As 可以对新建的电路原理图进行重命名，命名为串口通信电路，如图 3-88 所示。

图 3-88　创建原理图文件

2. 加载元件库和放置元件

在知道元件所在元件库的情况下，可以通过 Libraries 面板对话框加载元件库，方法参考上个原理图例子。如果不知道元件在哪个元件库，可以通过查找功能来实现元件库的加载和元件的放置。

1) 放置没有加载元件库的元件

在 Libraries 面板中单击 Searth 按钮，系统将弹出 Libraries Search 对话框。在 Filters 区域中的 Value 文本框里输入 MAX232，Operator 下拉框中选择 contains 选项，在 Scope 区域中选择 Libraries on path，如图 3-89 所示。单击 Search 按钮，在搜索结果图 3-90 中选择合适的芯片。

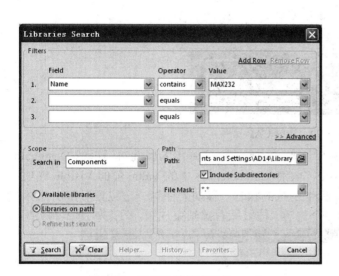
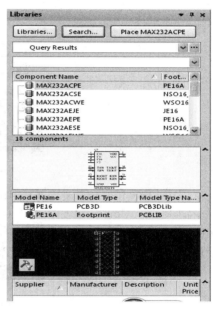

图 3-89　设置元件搜索属性　　　　　　图 3-90　元件搜索结果

点击 Place Max232ACPE，系统将会弹出如图 3-91 所示的提示窗口。按 Yes 按钮，即完成 Maxim Communication Transceiver.IntLib 库的加载，同时完成 Max232ACPE 元件的放置。

图 3-91　提示窗口

2) 放置相同属性的元件

相同属性元件的放置可以通过 Tab 键来批量修改参数。比如在参考电路图中的四个电容的放置步骤如下：

在 Libraries 面板中选择 Miscellaneous Device.IntLib 选项，在过滤框条件文本框中输入 CAP，如图 3-92 所示。

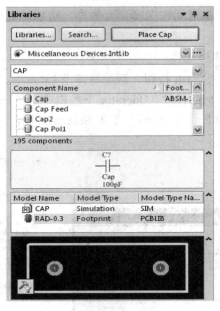

图 3-92　选择 CAP 元件

单击 Place Cap 按钮，光标将变成十字状，按 Tab 键，在弹出的属性对话框的 Designator 栏中输入 C1，Comment 栏中输入 0.1uF，取消 Parameters 区中的 Value 前的 Visible 选项，如图 3-93 所示。点击 OK 按钮回到光标十字状的状态。移动元件到一定位置后单击鼠标左键放置一个电容，根据需要继续放置三个电容，按鼠标右键结束放置，效果如图 3-94 所示。

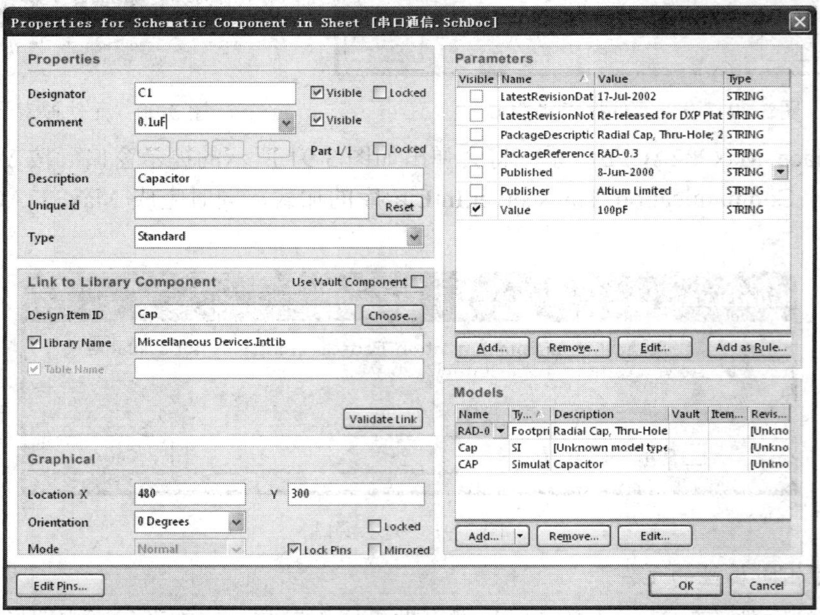

图 3-93　设置 CAP 元件属性

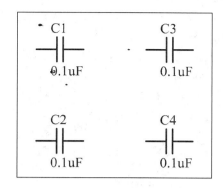

图 3-94　放置好相同属性的元件

其他元件放置也可以参照上述的方法进行操作，也可以参考上个原理图例子——电源电路中介绍的操作。

3. 元件布局和连线

利用移动和旋转等功能对元件位置进行布局调整，调整好后通过选择连线工具栏中的 ≈ 按钮来执行连线操作。

完成电路原理图的设计后，单击工具栏中的存盘图标 🖫 或执行菜单命令 File >> Save，保存原理图文件。

3.7.3　绘制单片机系统 LCD1602 显示电路图

本例通过设计一个单片机系统 LCD1602 显示电路，来介绍原理图设计步骤，并重点讲解信号束的操作。参考电路如图 3-95 所示。

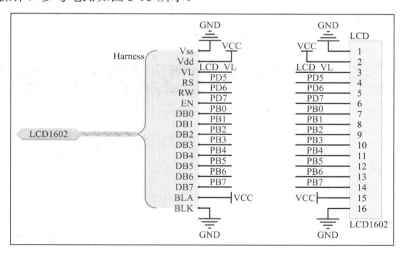

图 3-95　单片机系统 LCD1602 显示电路

1. 创建原理图设计文件

在单片机系统例程 PCB 项目文件下，选择 File >> New >> Schematic 命令，在设计窗口中将出现一个名为 Sheet1.SchDoc 的空白电路原理图并且该电路原理图将自动被添加到工程当中。通过执行菜单命令 File >> Save As 可以对新建的电路原理图进行重命名，命名为 LCD1602 显示电路，如图 3-96 所示。

图 3-96　创建原理图文件

2. 加载元件库和卸载元件库

这个例子中需要一个 Header 16 元件，其所在的库为 Miscellaneous Connectors.IntLib 库。

在 Libraries 面板中看看是否已经加载了 Miscellaneous Connectors.IntLib 库。如果已经加载了，直接在其库中调取 Header 16 元件。如果没有请先加载，单击 Libraries 按钮，系统将弹出 Available Libraries 对话框，单击其中的 Install 按键选择 Install from file。加载后的 Available Libraries 对话框如图 3-97 所示。

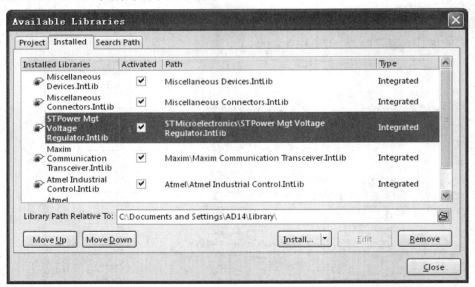

图 3-97　Available Libraries 对话框

由于加载过多的元件库，会消耗更多的内存资源，从而会影响计算机速度，因此需要把一些不用的元件库卸载。

卸载元件库的操作步骤：在 Available Libraries 对话框中用鼠标单击要卸载的元件库，此时选中的元件库信息底色变蓝。点击 Remove 按钮，即完成了元件库的卸载。

3. 绘制信号束

根据参考电路原理图，在放置好元件后绘制信号束。

(1) 执行菜单命令 Place >> Harness >> Harness Connector 或者用鼠标左键单击 Wiring 工具栏中的 按钮，然后单击鼠标左键放置信号束连接器在图纸上。

(2) 单击已经放置好的信号束连接器，端口周围将会出现虚线框。用鼠标左键拖动虚线框上的控制点，即可改变大小。也可以利用 Space 键来旋转方向。

(3) 执行菜单命令 Place >> Harness >> Harness Entry 或者用鼠标左键单击 Wiring 工具栏中的 按钮。在放置信号束入口的状态下，把光标移动到要连接的端口时(即光标变成红色"米"字形)，按下 Tab 键，或者用鼠标双击已经放置在图纸上的信号束入口，在弹出的 Harness Entry(信号束入口)对话框中设置相应的名称属性。依次把所有的信号束入口都设置好，如图 3-98 所示。

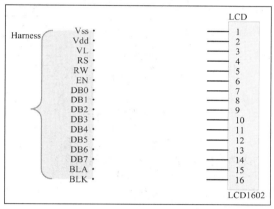

图 3-98　放置好信号束入口

(4) 放置一个电路端口，将其名称属性设为 LCD1602。再执行菜单命令 Place >> Harness >> Signal Harness 或者用鼠标左键单击 Wiring 工具栏中的 按钮，绘制信号束来连接电路端口和信号连接器，如图 3-99 所示。

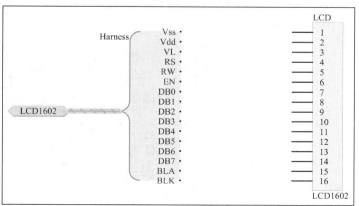

图 3-99　放置好信号束

4. 其他电气连接

利用网络标号来连接元件 LCD1602 和信号束。

(1) 对每个电气节点引出一段导线。

(2) 执行菜单命令 Place >> Net Label 或者用鼠标左键单击 Wiring 工具栏中的 图标。此时，光标将变成十字状，并且将随着虚线框在工作区内移动。

(3) 接着按 Tab 键，在弹出 Net Label 对话框中输入 NET 名称，比如输入 PB0，把它放置在相应的位置上。继续放置 PB1、PB2 一直到 PB7。当出现 PB8 时，按 Tab 键，修改 NET 名称。完成其他网络标号的放置，如图 3-100 所示。

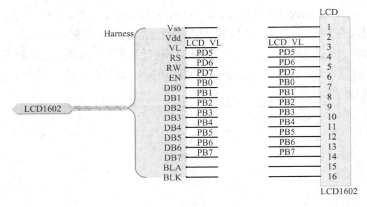

图 3-100　放置好网络标号

5. 放置电源并连线

放置电源并连线，完成电路图的设计并保存原理图文件。

3.7.4　绘制单片机系统最小系统电路图

本例通过设计一个单片机最小系统电路来介绍原理图设计步骤，并重点讲解总线的绘制和元件的自动编号。参考电路如图 3-101 所示和其对应的元件属性表如表 3-7 所示。

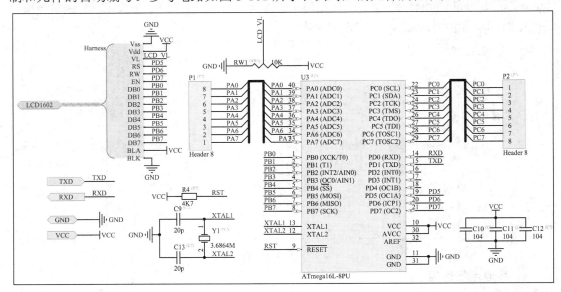

图 3-101　单片机最小系统电路

表 3-7　单片机最小系统电路元件属性表

Lib Ref	Designator	Comment	Footprint
CAP	C9、C13/C10、C11、C12	20 pF/104	RAD-0.1
ATmega16L-8PU	U3	ATmega16L-8PU	40P6
RES2	R4	4.7 kΩ	AXIAL-0.4
Res Tap	RW1	10 kΩ	VR5
Header 8	P1、P2	Header_8	HDR1X8
XTAL	Y1	3.6864 MHz	R38

其中：U3 在 Atmel Microcontroller 8-Bit megaAVR.IntLib 集成库中，其他的元件在 Miscellaneous Device.IntLib 和 Miscellaneous Connectors.IntLib 集成库中。

1. 创建原理图设计文件

在单片机系统例程 PCB 项目文件下，选择 File >> New >> Schematic 命令，在设计窗口中将出现一个命名为 Sheet1.SchDoc 的空白电路原理图并且该电路原理图将自动被添加到工程当中。通过选择菜单命令 File >> Save As 可以对新建的电路原理图进行重命名，命名为单片机最小系统电路，如图 3-102 所示。

2. 加载元件库

在 Libraries 面板中单击 Libraries 钮，打开 Available Libraries 对话框，加载元件库如图 3-103 所示。

图 3-102　创建原理图设计文件

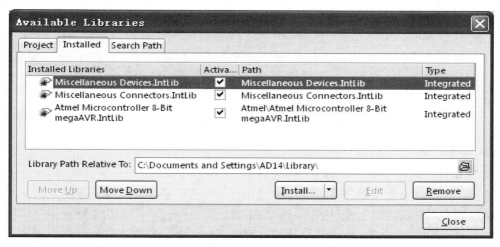

图 3-103　加载元件库

3. 放置元件

根据元件属性表，在 Libraries 面板中选择元件库，放置元件并编辑元件属性。

4. 布局和连线

(1) 利用移动和旋转等功能对元件位置进行布局调整。

(2) 绘制信号束参考 LCD1602 显示电路的介绍。

(3) 绘制总线。将 P1 和 ATmega16L-8PU 单片机芯片上的 PA 引脚相连接起来，步骤如下：

① 执行菜单命令 Place >> Bus 或者用鼠标左键单击 Wiring 工具栏中的 █ 图标，画出一段总线。

② 执行菜单命令 Place >> Bus Entry 或者用鼠标左键单击 Wiring 工具栏中的 █ 图标，把分支线放置在总线上，可以通过按 Space 键来旋转分支线的方向。

③ 绘制信号线连接到分支线。

④ 放置网络标号。

画好的总线如图 3-104 所示。

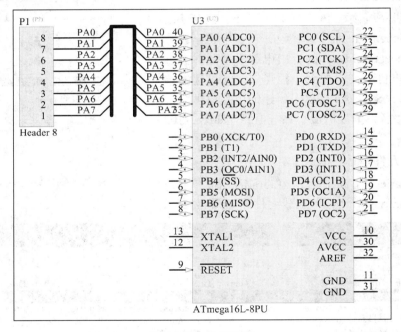

图 3-104　绘制总线

(4) 绘制其他的电气连接。

5. 设置元件的编号

设置元件的编号有两种方法，手工设置和自动设置。手工设置就是逐个对元件进行设置，通过修改元件属性对话框里的 Designator 属性。这个对于简单的电路来说是可以的，但是对于复杂的电路来说，在设计原理图过程中会有添加、复制、删除元件等操作，会使刚绘制完成的电路原理图元件的编号变得非常零乱，用手工设置的方式会非常烦琐，而且容易出错，此时系统提供的自动编号功能大大简化了这一过程，这不仅提高效率，而且保证不会出现重复编号等错误设置。下面用自动编号功能来对单片机最小系统电路图进行操作设置。

(1) 执行菜单命令 Tool >> Annonation Schematic，打开 Annotate 对话框，如图 3-105 所示。在该对话框中进行如下设置：

 • Order of Processing：用来设置元件编号的顺序。单击其下拉菜单，有四种选择方案：Up Then Across(先自下而上，再自左至右)、Down Then Across(先自上而下，再自左至右)、Across Then Up (先自左至右，再自下而上)、Across Then Down (先自左至右，再自上而下)。本例选择 Across Then Down 方案。

 • Schematic Sheets To Annotate：用来选择编号的图纸、编号范围及顺序。本例选择单片机最小系统电路图纸。

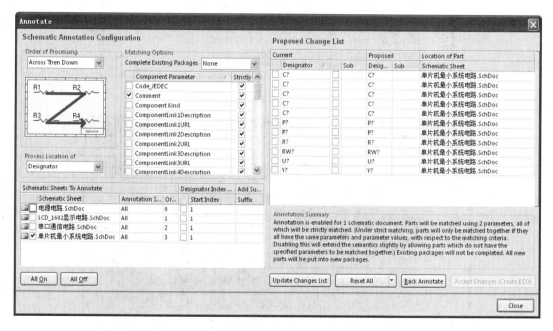

图 3-105 Annotate 对话框

(2) 单击对话框中的 Reset All 按钮，复位所有的元件，即变成标示符加上问号的形式。

(3) 单击 Update Changes List 按钮，弹出信息框如图 3-106 所示。单击 OK 按钮确认后，系统会根据配置的注释方式更新标号，并且显示在 Proposed Change List 列表框中。

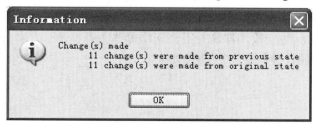

图 3-106 信息框

(4) 单击 Accept Changes(Create ECO)按钮，系统将会弹出 Engineering Change Order 对话框，如图 3-107 所示。在该对话框中单击 Validate Changes 按钮，确认修改并验证修改是否正确，Check 栏中显示打钩标记即表示正确。然后单击 Execute Changes 按钮，使编号有效，如图 3-108 所示。

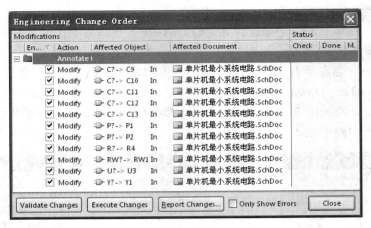

图 3-107　Engineering Change Order 对话框

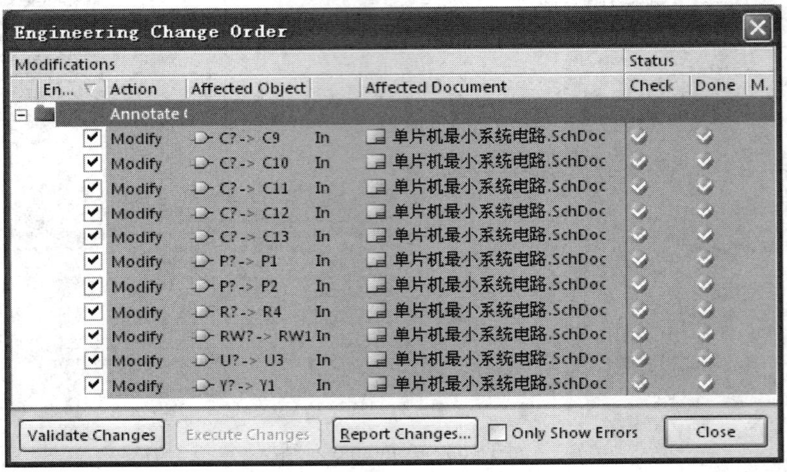

图 3-108　编号有效

（5）单击 Close 按钮，即可完成元件的自动编号并退回到 Annotate 对话框，单击 Close 按钮完成所有的操作。

注意：参考本例电路原理图来练习，每个设计者布局不一样，其最终自动编号的结果不一定和参考图上的标注一致，但这并不会影响电路正确性。

（6）完成电路图的设计并保存原理图文件。

第4章　层次化原理图绘制

对于比较复杂的电路图，一张电路图纸无法完成设计时，则需要多张原理图。Altium Designer 14 提供了层次原理图的设计方法，它是一种模块化的设计方法。设计者可以将系统划分为多个子系统，子系统下面又可划分为若干功能模块，功能模块还可以再细分为若干个基本模块。设计好基本模块，定义好模块之间的连接关系，即可完成整个设计过程。

本章主要介绍层次原理图的设计方法和层次化原理图之间的切换。

4.1　层次化原理图设计方法

层次化电路原理图的设计理念实际上是一种模块化的方法。设计者将实际的总体电路进行模块划分，划分的原则是每一个电路模块都应该有明确的功能特征和相对独立的结构，而且还要有简单、统一的接口，从而便于模块批次之间的连接。

基于上述的设计理念，层次化电路原理图有两种设计方法：一种是自上而下的设计方法，另一种是自下而上的设计方法。

4.1.1　自上而下的层次原理图设计

自上而下的层次原理图设计方法的思路是：先根据各个电路模块的功能，一一绘制出子原理图，然后由子原理图建立起相对应的方块电路图，最后完成项目主原理图的绘制。

下面以"单片机系统例程"电路设计为例，详细介绍自上而下的层次化原理图的具体设计过程。采用层次化原理图的设计方法，将实际的总体电路按照电路模块的划分原则划分为 4 个模块电路：单片机最小系统电路、LCD1602 显示电路、串口通信电路和电源电路。具体的绘制步骤如下：

1. 建立 PCB 工程和主原理图文件

(1) 新建一个名为单片机系统例程 1.PrjPcb 的 PCB 工程。

(2) 在新建的工程下面创建主原理图文件，命名为单片机系统总电路.SchDoc，并完成图纸的相关设置。

2. 绘制项目主原理图

(1) 执行菜单命令 Place >> Sheet Symbol 或者用鼠标左键单击 Wiring 工具栏中的 ▨ 按钮，此时光标自动变成十字形，并带有要放置的方块图。将光标移动到适当的位置后，单击鼠标左键，确定方块电路的左上角位置。然后拖动鼠标，移动到适当的位置后，单击鼠标左键，确定方块电路的右下角位置，重复此操作再放置 3 个方块图，单击鼠标右键结束放置。

(2) 双击需要设置属性的电路方块图(或者在绘制状态下按 Tab 键)，系统将弹出相应的电路方块图属性编辑对话框，如图 4-1 所示。在该对话框中可以设置方块图的位置、颜色、大小、边框宽度、名称和文件名等属性。

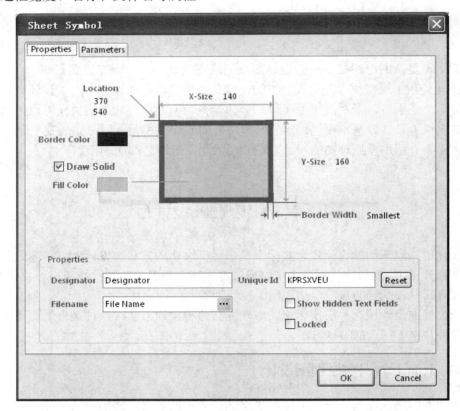

图 4-1　方块图属性对话框

方块图属性对话框包括的主要参数如下：

· Location：表示方块图在原理图上的 X 轴和 Y 轴坐标，可以输入设置。

· X-Size，Y-Size：表示方块图的宽度和高度，可以输入设置。

· Border Color：设置方块图边框的颜色。

· Fill Color：设置方块图的填充颜色。

· Border Width：设置方块图的边框粗细，有 Smallest、Small、Medium 和 Large 四种线宽可供选择。

· Draw Solid：选中此复选框，则方块图将以 Fill Color 中颜色填充多边形，此时单击多边形边框或者填充部分都可以选中该多边形。

· Designator：该文本框用来设置相应方块图的名称。

· Filename：该文本框来设置该方块图所代表的下层子原理图的文件名。

可以通过鼠标拖拽操作来实现方块图形状和大小的设置，步骤如下：单击已经放置好的方块图，端口周围将会出现虚线框。用鼠标左键拖动虚线框上的控制点，即可改变方块图的大小。也可以用鼠标双击 Designator 和 Filename 区域，在弹出的对应属性对话框中设置方块图名称和所代表的文件名，如图 4-2 和图 4-3 所示。

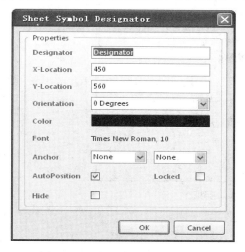

图 4-2　方块图名称对话框

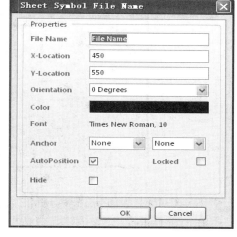

图 4-3　方块图对应的文件名对话框

根据上面的方法，将一个方块图的 Designator 文本框设置为 U_LCD1602 显示电路、Filename 文本框设置为 LCD1602 显示电路.SchDoc。另外三个方块图的 Designator 文本框分别设置为 U_单片机最小系统电路、U_串口通信电路和 U_电源电路；Filename 文本框分别设置为单片机最小系统电路.SchDoc、串口通信电路.SchDoc 和电源电路.SchDoc。设置好相应的属性，如图 4-4 所示。

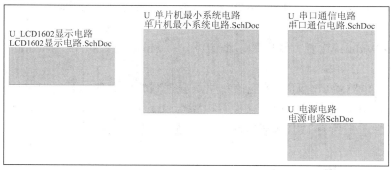

图 4-4　设置好的方块图

(3) 接着放置方块电路端口,方法是执行菜单命令 Place >> Add sheet Entry 或者用鼠标左键单击连线工具栏 Wiring 中 ▣ 按钮，此时光标变为十字形状，然后在需要放置端口的方块图上单击鼠标左键，此时光标处就带着方块电路的端口符号，在方块图内部的边框上移动，在适当的位置单击左键即完成电路端口的放置。

(4) 双击需要设置属性的电路端口(或者在绘制状态下按 Tab 键)，系统将弹出相应的电路端口属性编辑对话框，如图 4-5 所示。

电路端口属性对话框包括的主要参数如下：

· Fill Color：设置电路端口内部的填充颜色。

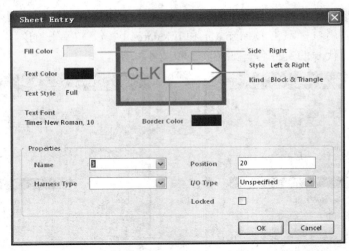

图 4-5　方块图属性对话框

· Text Color：设置电路端口标注文本的颜色。

· Border Color：设置电路端口边框的颜色。

· Side：有 Top、Left、Bottom 和 Right 四种选项，决定电路端口在方块图中的大致方位。

· Style：设置电路端口指向。其包含 Left、Right、Top、Bottom、Left&Right、Top&Bottom、None(Horizoatal)、None(Vertical)选项。

· Kind：设置电路端口形状。其包含 Block&Triangle、Arrow、Triangle 和 Arrow Tail 选项。

· I/O Type：电路端口的电气特性。其包含 Unspecified、Output、Input、Bidirectional 选项。

· Border Width：设置方块图的边框粗细，有 Smallest、Small、Medium 和 Large 四种线宽可供选择。

· Name：电路端口名称。其应该和层次原理图的子原理图的端口名称对应。

设计者可以根据设计的规划，来设置电路端口属性，主要是电路端口名称、电路端口指向和电气特性。把所有的电路端口都放在合适的位置，并一一设置好它们的属性。如图 4-6 所示。

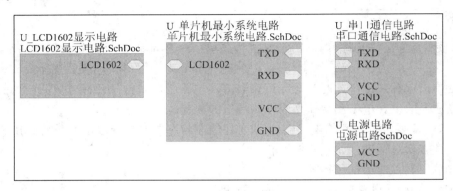

图 4-6　设置好电路端口的方块图

(5) 利用鼠标拖拽的方式来调整方块图的形状以及端口放置的位置，调整好后将电气关系上具有相连关系的端口用导线或总线连接在一起，完成了一个层次原理图的主原理图，如图 4-7 所示。注意其中对 LCD1602 端口之间利用信号束来连接，因为设计者在设计规划中把 LCD1602 端口设计成了一个信号束。

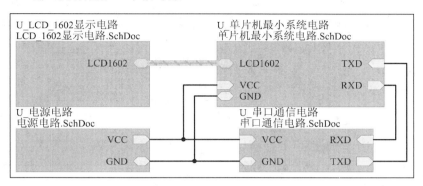

图 4-7　绘制好的主原理图

3. 绘制模块电路原理图

(1) 根据主原理图中的方块图，把与之对应的模块电路原理图分别绘制出来，这一过程就是使用方块图来建立模块电路原理图。执行菜单命令 Design >> Create Sheet From Symbol，此时光标变成十字形。移动鼠标到方块图 U_单片机最小系统电路内部，单击鼠标左键，系统将自动生成一个新的原理图文件，名称为单片机最小系统电路.SchDoc，与方块图属性的 FileNme 里的设置一致，如图 4-8 所示。设计者可以看到，在该原理图上已经自动放置好了电路端口。

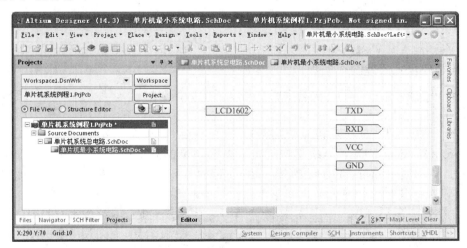

图 4-8　由方块图建立的模块原理图

(2) 采用普通电路原理图的绘制方法，完成单片机最小系统电路的绘制，如图 4-9 所示。具体参考 3.7 节的内容。

(3) 重复上面两个步骤，分别完成剩余 3 个模块电路原理图的绘制。4 个原理图的具体绘制参考 3.7 节的内容介绍。

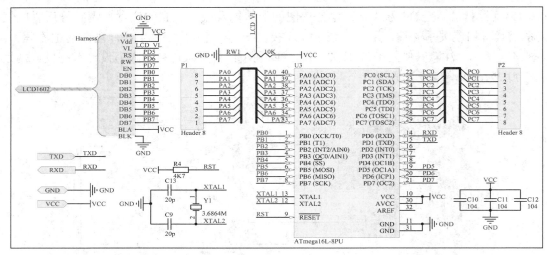

图 4-9　单片机最小系统电路

4. 保存工程文件和原理图文件

保存工程文件和原理图文件，完成自上而下的层次化原理图设计。

4.1.2　自下而上的层次原理图设计

自下而上的层次原理图设计方法的思路是：先根据各个电路模块的功能，一一绘制出子原理图，然后由子原理图建立起相对应的方块电路图，最后完成项目主原理图的绘制。

还是以"单片机系统例程"电路设计为例，详细介绍自下而上的层次化原理图的具体设计过程。具体的绘制步骤如下：

1. 绘制模块电路原理图

打开在第三章中创建的单片机系统例程 PCB 工程，完成 4 个电路模块的原理图绘制。

2. 绘制项目主原理图

(1) 在单片机系统例程 PCB 工程中，建立一个层次原理图文件，命名为单片机系统例程总电路的原理图文件。

(2) 打开原理图文件单片机系统例程总电路，执行菜单命令 Design >> Create Sheet Symbol From Sheet or HDL，系统将弹出如图 4-10 所示的 Choose Document to Place(选择文件放置)对话框。在该对话框中列出了同一个工程中除掉当前原理图外的所有原理图文件，设计者可以选择其中的任何一个原理图来建立方块电路图。

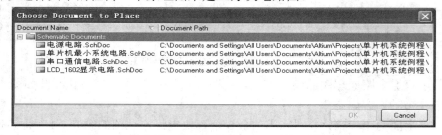

图 4-10　Choose Document to Place 对话框

(3) 选择电源电路.SchDoc 文件，单击 OK 按钮，系统即关闭了 Choose Document to Place 对话框，此时光标变成十字形且出现一个浮动的方块电路图形，随光标移动而移动。

(4) 在合适的位置单击鼠标左键，即放置好电源电路.SchDoc 所对应的方块电路。在该方块图中已经包含了电源电路.SchDoc 中所有的 I/O 端口，无须自己再进行放置，如图 4-11 所示。

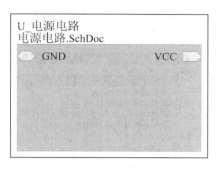

图 4-11　电源电路.SchDoc 对应的方块图

(5) 重复上述的步骤，放置所有的模块电路原理图对应的方块电路。放置好 4 个电路方块图，并用鼠标拖拽的方式调整方块图的形状以及端口放置的位置，调整后如图 4-12 所示。

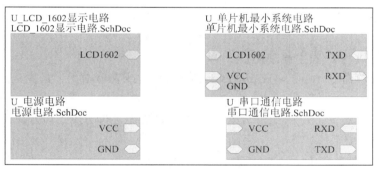

图 4-12　放置好 4 个电路方块图

(6) 设置方块电路图和电路端口的属性。

(7) 利用电气连接工具来连接各方块电路图，完成主电路原理图的绘制，如图 4-7 所示。

3. 保存工程文件和原理图文件

保存工程文件和原理图文件，完成自下而上的层次化原理图设计。

4.2　不同层次原理图之间的切换

在编辑和查看层次原理图时，有时需要从主原理图某一方块图直接转到该方块图对应的子原理图，或者反之。Altium Designer 14 为此提供了非常简便的切换功能。

1. 利用工程导航树进行切换

打开之前创建的层次原理图工程，如图 4-13 所示。其中单片机系统例程总电路.SchDoc

是主原理图文件，在前面的"－"图标表示该文件已经被展开。在主原理图文件下面就是模块原理图文件。

单击工程导航树中文件名或者文件名前面的图标，可以很方便地打开相应的文件。

图 4-13　工程文件的导航树

2. 利用切换命令

1) 从方块图查看模块原理图

操作步骤：

(1) 打开方块图文件(主原理图)。

(2) 执行菜单命令 Tools >> Up/Down Hierarchy，或者单击主工具栏上的 图标，光标变成十字形。

(3) 在准备查看的方块图上单击鼠标左键，则系统立即切换到该方块图对应的模块原理图上。

2) 从模块原理图查看方块图

操作步骤：

(1) 打开模块原理图文件。

(2) 执行菜单命令 Tools >> Up/Down Hierarchy，或者单击主工具栏上的 图标，光标变成十字形。

(3) 在模块原理图的端口上单击鼠标左键，则系统立即切换到主原理图，该模块原理图所对应的方块图位于编辑窗口中央。

第 5 章　原理图查错与报表文件生成

绘制完原理图，接下来需要对 PCB 工程进行查错和编译。只有通过了电气规则检查，原理图的绘制才算结束。最后需输出网络表、材料清单等报表。本章重点介绍电气规则检查和网络表的生成。

5.1　原理图的查错及编译

电气规则检查可检查原理图中是否有电气特性不一致的情况。例如，某个输出引脚连接到另一个输出引脚时就会造成信号冲突，未连接完整的网络标签会造成信号断线，重复的流水号会使系统无法区分出不同的元件等。以上这些都是不合理的电气冲突现象，系统会按照设计者的设置以及问题的严重性分别以错误(Error)或警告(Warning)等信息来提请设计者注意。

5.1.1　设置电气连接检查规则

打开项目工程后，执行菜单命令 Project >> Project Options，在弹出的如图 5-1 所示的 Options for PCB Project(项目选项)对话框中进行设置。该对话框中有 Error Reporting(错误报告)和 Connection Matrix(连接矩阵)标签页可以设置检查规则。

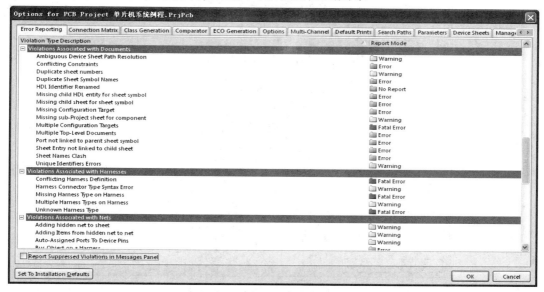

图 5-1　Options for Project 对话框

1. Error Reporting(错误报告)标签页

Error Reporting 标签页中可以对各种电气连接错误的等级进行设置。

(1) Violation Type Description(违反类型描述规则)表示检查设计者的设计是否违反类型设置的规则。其主要包括 9 个方面：Violations Associated with Buses(总线错误检查报告)、Violations Associated with Code Symbols(编码符号错误检查报告)、Violations Associated with Components(组件错误检查报告)、Violations Associated with Configuration Constraints(配置约束错误检查报告)、Violations Associated with Documents(文档错误检查报告)、Violations Associated with Harnesses(信号束错误检查报告)、Violations Associated with Nets(网络错误检查报告)、Violations Associated with Others(其他错误检查报告)、Violations Associated with Prarmeters(参数错误检查报告)。

(2) Report Mode(报告模式)表明违反规则的严格程度。如果要修改 Report Mode，可单击需要修改的违反规则对应的 Report Mode，并从下拉列表中选择严格程度：Fatal Error(重大错误)、Error(错误)、Warning(警告)、No Report(不报告)。

2. Connection Matrix(电气连接矩阵)标签页

Connection Matrix(电气连接矩阵)标签页如图 5-2 所示。在该标签页中，设计者可以定义一切与违反电气连接特性有关报告的错误等级，特别是元件引脚、端口和方块图上端口的连接特性。如图 5-2 所示的矩阵给出了在原理图中不同类型的连接点以及这些连接点是否被允许的一个图表描述。当对原理图进行编译时，错误的信息将在原理图中显示出来。要想改变错误等级的设置，单击对话框中的颜色块即可，每单击一次即可改变一次。

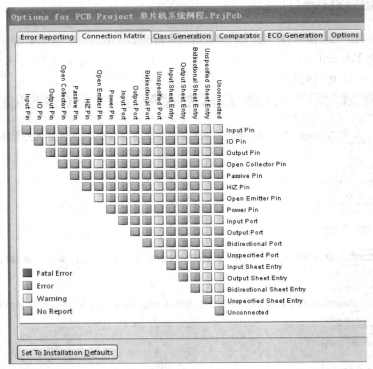

图 5-2　Connection　Matrix 设置对话框

例如，在矩阵图的右边找到 Output Pin，从这一行找到 Open Collector Pin 列。在它的相交处是一个橙色的方块，这表示在原理图中从一个 Output Pin 连接到一个 Open Collector Pin，在项目被编辑时系统将启动一个错误的提示。

可以用不同的错误程度来设置每一个错误类型，例如对某些非致命的错误不予报告。修改连接错误的操作方式如下：

(1) 单击两种类型连接相交处的方块，例如 Output Pin 和 Open Collector Pin 相交处的方块。

(2) 在方块变为图例中表示 Error 的颜色——橙色时停止单击，就表示以后在运行检查时如果发现这样的连接将给以错误的提示。

5.1.2　原理图的编译

当设置了需要检查的电气连接以及检查规则后，设计者便可以对原理图进行检查操作。检查原理图是通过编译项目来实现的，编译的过程中会对原理图进行电气连接和规则检查。

编译项目的操作步骤如下：

(1) 打开需要编译的原理图，然后执行菜单命令 Project >> Compile Documents + 文件名。如果选择 Project >> Compile PCB Project 命令，则是对整个工程进行编译。

(2) 经过编译后，设计者可以通过弹出的 Messages 对话框观察到存在的错误和警告，如图 5-3 所示。如果没有弹出 Messages 对话框或者关闭了 Messages 对话框，设计者可以执行菜单 View >> Workspace Panels >> System >> Messages 命令来查看。

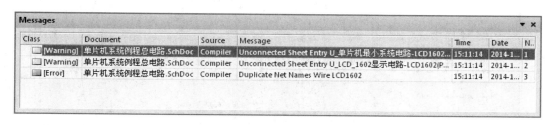

图 5-3　Messages 对话框

当编译后发现原理图存在警告或错误时，用户在 Messages 对话框中可以了解这些警告或错误的等级、错误文档、错误来源、错误位置、产生时间、产生日期、序号等信息。如果在 Messages 对话框中选中错误报告并双击，系统将弹出如图 5-4 所示的 Compile Errors 面板，通过它可以迅速地确定错误位置。设计者需编辑改正所有的错误，直至编译后 Messages 对话框中不再显示错误为止。

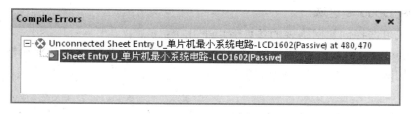

图 5-4　Compile Errors 面板

5.2　网络表的生成

网络表是表示电路原理图或者印刷电路板元件连接关系的文本文件。它是联系电路原理图和印制电路板之间的桥梁和纽带。网络表主要有两个作用：一是用于支持印制电路板的自动布线和电路模拟程序；二是用于检查两个电路原理图或者电路原理图与印制电路板图之间是否一致。

5.2.1　设置网络表选项

Altium Designer 14 的网络表工具要比之前的任意一个版本都要方便、快捷，操作前只需要进行简单的选项设置即可。

执行菜单命令 Project >> Project Options，选择单击顶部的 Options 标签页，即可显示标签页内容，如图 5-5 所示。

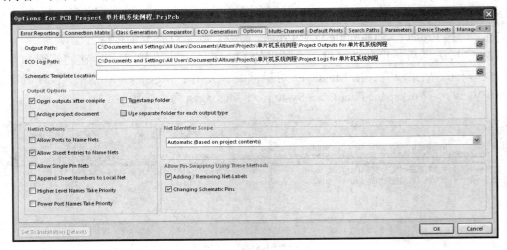

图 5-5　Options 标签页

在该标签页中可进行网络表的有关选项设置。下面介绍各选项的含义。

1. 输出路径设置

在 Output Path 栏内可指定各种报表的输出路径。默认路径由系统在当前项目文档所在文件夹内创建，所创建的文件夹为 Project Outputs for 当前项目文档名。

2. Netlist Options 区域

在该区域可选择创建网络表的条件有以下几个：

(1) Allow Ports to Name Nets 项：表示允许用系统所产生的网络名来代替与输入/输出端口相关联的网络名。如果所设计的项目只是简单的原理图文档，不包含层次关系，可选择该选项。

(2) Allow Sheet Entries to Name Nets 项：表示允许用系统所产生的网络名来代替与子

图入口相关联的网络名。当设计的项目为层次结构的电路时，可选择该选项。该项为系统默认选项。

(3) Append Sheet Numbers to Local Nets 项：表示产生网络表时，系统自动地将图纸号 (Sheet Number)添加到各网络名上，以识别该网络的位置。当一个项目包含多个原理图文档时，选择该选项可方便查找错误。

3. Net Identifier Scope 选项

该选项的功能是指定网络标识的认定范围，单击按钮 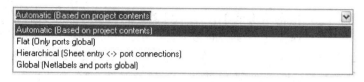 可从其下拉列表中选取一个选项，如图 5-6 所示。

图 5-6   选择网络标识的认定范围

(1) Automatic(Based on project contents)项：选择该选项，系统将自动在当前项目内认定网络标识。一般情况下采用默认选项。

(2) Flat(Only ports global)项：如果项目内各个图纸之间直接使用整体输入/输出端来建立连接关系，则应选择该项。

(3) Hierarchical(Sheet entry<->port connections)项：如果在层次结构的电路中，靠子图符号内的子图入口与子图中的输入/输出端口来建立连接关系，则应选择该项。

(4) Global(Netlabels and ports global)项：如果项目内的各文档之间使用整体网络标签及整体输入/输出端口来建立连接关系，则应选择该项。

5.2.2   生成网络表

打开要创建网络列表的原理图文档,执行菜单命令 Design >> Netlist From Document >> Protel，立即产生当前文档的网络表。网络表名称与当前文档名称一致，文件类型为.net。单击 Project 面板标签，可以看到所创建的网络表文件。选择要打开的网络表文件，双击图标，即可在文本编辑窗口内打开网络表内容。

网络表的内容由两部分组成：一部分是元件描述，另一部分是网络定义。

(1) 元件描述包括元件流水号、元件类型及封装信息等。元件的声明以"["开始，以"]"结束，将其内容包含在 [ ] 内。网络经过的每一个元件都必须有声明。声明格式如下：

　　[　　　　　　　　　　元件声明开始

　　R5　　　　　　　　　元件序号

　　AXIAL-0.4　　　　　　元件封装

　　5k1　　　　　　　　　元件注释

　　]　　　　　　　　　　元件声明结束

(2) 网络定义以"("符号开始，以")"符号结束，将其内容包含在( )内。网络定义首先要定义该网络的各端口，而且必须列出连接网络的各个端口。其格式为：

　　(　　　　　　　　　　网络定义开始

NetUl_1	网络名称
U1-16	元件序号为 1，元件引脚号为 16
C1-2	元件序号为 1，元件引脚号为 2
)	网络定义结束

5.3 元件清单的生成

元件清单主要用于整理一个电路或一个工程文件中的所有元件。它主要包括元件的名称、标注、封装等内容。依据这份清单，用户可以详细查看工程中元件的各类信息，同时在制作电路板时，也可以作为元件采购的参考。

通过执行菜单命令 Reports >> Bill of Material，可生成一个包含原理图中所有元件信息的元件清单，如图 5-7 所示。元件清单默认显示包含元件注释、元件描述、流水线序号、元件封装、元件所在库的名称和数量。

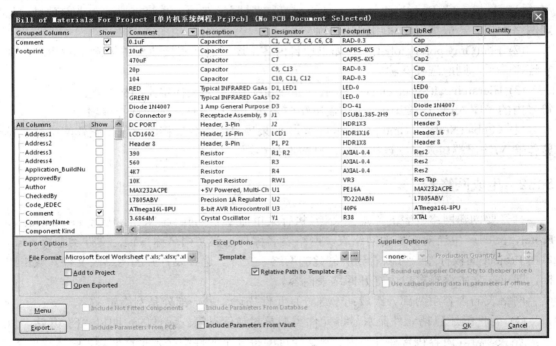

图 5-7　元件清单

5.4 原理图输出

原理图绘制结束后，往往要通过打印机或绘图仪输出，以供设计人员参考、存档。用打印机打印输出，首先要对页面进行设置，然后设置打印机，包括打印机的类型设置、纸张大小的设定、原理图纸的设定等内容。

1．页面设置

打开要输出的原理图，执行菜单命令 File >> Page Setup，系统将弹出如图 5-8 所示的原理图打印属性对话框。在这个对话框中可以设置打印机纸张类型，选择目标图形文件类型，设置颜色等。

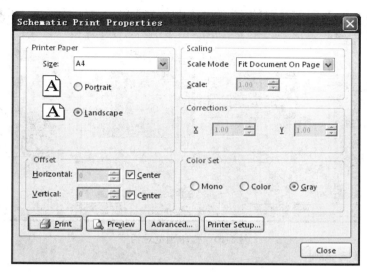

图 5-8　原理图打印属性对话框

2．打印机设置

单击如图 5-8 所示对话框中的 Printer Setup 按钮或者直接执行菜单命令 File >> Print，系统将弹出打印机配置对话框，如图 5-9 所示。在该对话框可以设置打印机的配置，包括打印的页码、份数等。

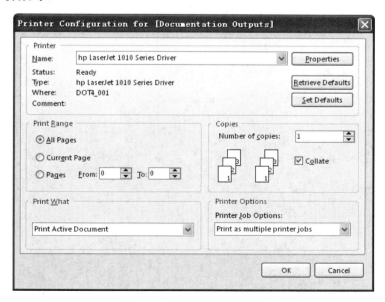

图 5-9　打印机配置对话框

3. 打印预览输出

单击如图 5-8 所示对话框中的 Preview 按钮或者直接执行菜单命令 File >> Print，系统将弹出打印预览对话框，如图 5-10 所示。如果预览没有错误，就可以直接单击 Print 按钮，将原理图打印输出。

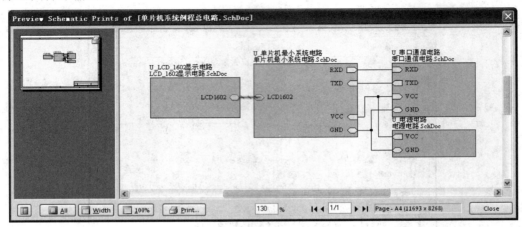

图 5-10　打印预览对话框

第 6 章　PCB 设计基础

印刷电路板(PCB)是电子设备中的重要部件之一,从电子玩具、手机、计算机等民用产品到导弹、宇宙飞船,只要有集成电路等电子元件的存在,电子元件之间的电气连接都要使用到印刷电路板。而印刷电路板的设计和制造也是影响电子设备的质量、成本和市场竞争力的基本因素。在学习印刷电路板设计之前,先通过本章来了解有关印刷电路板设计的一些基本概念,如电路板的结构、元件封装、PCB 设计流程以及 PCB 编辑器的基本设计和操作。

6.1　PCB 的结构

印刷电路板(Printed Circuie Board,简称 PCB)以一定尺寸的绝缘板为基材,以铜箔为导线,经特定工艺加工,用一层或若干层导电图层以及设计好的孔来实现元件间的电气连接关系。印刷电路的基板由绝缘隔热且不易弯曲的材质制作而成。在表面可以看到的细小线路的材料是铜箔,原本铜箔是覆盖在整个板子上的,而在制造过程中部分被蚀刻处理掉,留下来的部分就变成网状的细小线路了。这些线路就是用来提供 PCB 上元件的电路连接的。

印刷电路板的出现与发展,给电子工业带来了重大的改革,极大地促进了电子产品的更新换代。它具有以下优点:

(1) 实现了电路中各个元器件间的电气连接,代替了复杂的布线,简化了电子产品的装配、焊接、调试工作。

(2) 缩小了整机体积,降低了产品成本,提高了电子设备的质量和可靠性。

(3) 可以采用标准化设计,有利于装备生产的自动化和焊接的机械化,提高了生产率。

(4) 使电子设备便于实现单元模块化,便于整机产品的互换与维修。

印刷电路板种类很多,根据布线层次可分为单面电路板(简称单面板)、双面电路板(简称双面板)和多层电路板(简称多层板)。

1. 单面板

单面板又称单层板(Single Layer PCB),是只有一个面敷铜,另一面没有敷铜的电路板。元件一般情况是放置在没有敷铜的一面,敷铜的一面用于布线和元件焊接。它的特点是成本低但是仅适用于比较简单的电路设计,对于比较复杂的电路,布线非常困难。因为单面板在布线时只有一面,布线间不能交叉而且必须绕独自的路径。

2. 双面板

双面板又称双层板(Double Layer PCB),是一种双面敷铜的电路板,两个敷铜层通常被称为顶层(Top Layer)和底层(Bottom Layer)。两个敷铜面都可以布铜导线,顶层一般为放置元器件面,底层一般为元件焊接面。上下两层之间的连接是通过金属化过孔来实现的。由于两面均可以布线,对于比较复杂的电路,其布线比单面板布线的布通率要高。

3. 多层板

多层板(Multi Layer PCB)就是包括多个工作层面的电路板,除了有顶层和底层之外还有中间层。顶层和底层与双层面板一样,中间层可以是导线层、信号层、电源层或接地层。层与层之间是相互绝缘的,层与层之间的连接需要通过孔来实现。

随着集成电路技术的不断发展,元件的集成度越来越高,元件的引脚数目越来越多,元件的连接关系也越来越复杂,双面板已经不能满足布线的需要和电磁干扰的屏蔽要求,因此需要采用多层板。

对于印刷电路板的制作而言,板的层数愈多,制作程序就愈多,失败率就会增加,成本也相对会提高,所以只有在高级的电路中才会使用多层板。目前两层板最容易制作。市面上所谓的四层板,就是顶层、底层再加上两个电源板层,技术也已经很成熟,而六层板就是四层板再加上两层布线板层,只有在高级的主机板或布线密度较高的场合才会用到。至于八层板及以上,制作就比较困难了。

6.2 元 件 封 装

元件封装是指实际元件焊接到电路板时所指示的外观和焊点的位置,包括了实际元件的外形尺寸、所占空间位置以及各管脚之间的间距等。如图 6-1 所示为电阻、电容、二极管、三极管的封装。

元件封装是关于空间的概念,因此不同的元件可以共用同一个元件封装,如 8031、8051 等 51 系列的单片机,它们都是双列直插式的芯片,其管脚数目都是 40 个脚,都可以采用 DIP40 的封装形式;另一方面,同种元件也可以有不同的封装。如 RES2 代表电阻,但由于电阻的阻值、功率可能不一样,因此它的封装形式有可能不一样,如 AXAIL-0.3、AXAIL-0.4、AXAI-L0.6 等。

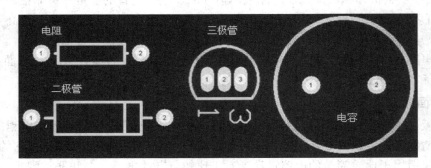

图 6-1 电阻、电容、二极管、三极管封装

1. 元件封装的分类

虽然电子元件的封装形式非常多,但是从大的方面来讲只有两类,分别是针插式元件

封装和表面粘贴式元件封装。

1) 针插式元件封装

针插式元件封装一般是针对针脚类元件而言的。该类元件在安装时需要把元件相应的针脚插入焊盘孔中，元件安装在顶面，而焊接在底面。由于该类元件的焊盘通孔贯通整个电路板，故在设计时焊盘板层的属性要设置成 Multi -Layer。

2) 表面粘贴式元件封装

表面粘贴式元件封装(Surface-Mounting Device，SMD)，又称贴片式元件封装。使用该类元件封装的元件时，元件和焊盘位于同一面，即它的焊盘只能处于电路板的顶层或者底层，因此应将其焊盘属性设置成 Top Layer 或者 Bottom Layer。

我们以电阻为例，电阻有传统的针脚式封装，如图 6-2 中的 AXIAL-0.4 和 AXIA-L0.7 封装，这种封装元件体积较大，电路板必须钻孔才能安置元件，完成钻孔后，插入元件，然后再焊锡；电阻也有表面贴片式封装，如图 6-2 中的电阻 RESC6332 不必钻孔，其焊盘只限于表面板层，用钢膜将半熔状锡膏倒入电路板，再把 SMD 元件放上，即可将电阻焊接在电路板上了。

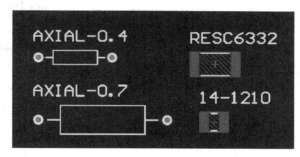

图 6-2　电阻的不同封装

2. 常见元件封装

一些常见的标准的元件封装名称，是由"元件类型 + 焊盘距离(或焊盘数) + 元件外形尺寸"组成的。例如电阻 AXIAL-0.3，AXIAL 指轴状的，0.3 则是该电阻在印刷电路板上的两个焊盘间的距离，也就是 300 mil(英制单位)；而 8031 的封装 DIP40 中的 DIP 是指双列直插器件，40 是指共有 40 个管脚。下面我们就来认识一下常见元件的封装名称。

1) 电阻

普通电阻类及无极性双端元件的标准封装为 AXIAL-0.3～AXIAL-1.0。电阻体积的大小完全是由该电阻的功率数来决定的。电阻功率不同，电阻体积的大小也不同，一般来说选用 1/4W 和甚至 1/2W 的电阻，都可以用 AXIAL-0.3 元件封装，而功率数大一点的话，可用 AXIAL-0.4 或 AXIAL-0.5 封装。可变电阻类的封装为 VRx，其中数字 x 表示元件类型。

2) 电容

电容分为无极性和有极性两种。对于针脚类无极性的电容，其封装为 RAD-0.1～RAD-0.4；对针脚类有极性的电容如电解电容，其封装为 RB.2/.4，RB.3/.6 等，其中".2"为焊盘间距，".4"为电容圆筒的外径，一般电容容值小于 100 μF 时用 RB.1/.2，容值为 100 μF～470 μF 时用 RB.2/.4，容值大于 470 μF 时用 RB.3/.6。

3) 二极管

针脚类二极管的封装与电阻类封装类似,不同的地方是二极管有正负之分。其封装名称为 DIODE-0.4(小功率)和 DIODE-0.7(大功率)。

4) 晶体管

对于晶体管,直接看它的外形及功率:大功率的晶体管,就用 TO-3;中功率的晶体管,如果是扁平的,就用 TO-220,如果是金属壳的,就用 TO-66;小功率的晶体管,就用 TO-5、TO-46、TO-92A 等都可以。但是,3 个脚中哪个为 E 极(发射极)、B 极(基极)、C 极(集电极),最好是根据具体元件来确定。

5) 集成电路

对于常用的集成电路,有 DIP、SIP 和 SO 等封装,如图 6-3 所示。DIPxx 是双列直插的元件封装,如 DIP8 表示双排,每排有 4 个引脚,两排间距离是 300 mil,焊盘间的距离是 100 mil;SIPxx 是单列直插的封装;SO-xx 是贴片的双列封装形式。

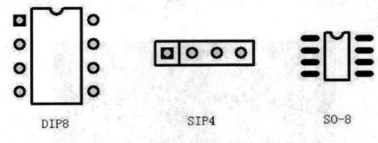

DIP8   SIP4   SO-8

图 6-3 普通 IC 封装

注意:有关元件封装命名实际上没有一定的规律和标准,目前每个厂家都有自己的定义,而且随着集成电路工艺的改进,封装类型和形式也在不断变化。建议设计者在使用时参考厂家提供的封装形式。

6.3 焊 盘 与 过 孔

在印刷电路板上,焊盘的主要作用是放置焊锡、连接导线和焊接元件的管脚。

焊盘将元件管脚焊接固定在印刷电路板上,完成电气连接。它可以单独放在一层或多层上。对于表面安装的元件,焊盘需要放置在顶层或底层,而对于针插式元件,焊盘应处于多层(Multi Layer)。通常针插式焊盘的形状有三种,即圆形(Round)、矩形(Rectangle)和正八边形(Octagonal),如图 6-4 所示。

一般焊盘中心孔要比器件管脚的直径稍大一些,但是焊盘太大易形成虚焊。根据经验,孔的尺寸需要比管脚直径大 0.1～0.2 mm。

图 6-4 圆形、矩形和正八边形焊盘

过孔用于连接不同板层之间的导线，其内侧壁一般都由金属连通。过孔的形状类似与圆形焊盘，分为多层过孔、盲孔和埋孔 3 种类型。

多层过孔：从顶层直接通到底层，允许连接所有的内部信号层。

盲孔：从表层连到内层。

埋孔：从一个内层连接到另一个内层。

过孔尺寸大小需要根据载流量来设定，比如电源层和地线层比其他信号层连接所用的过孔都要大一些。

6.4　铜膜走线和预拉线

在印刷电路板上，焊盘与焊盘之间起电气连接作用的是铜膜走线，通常也简称导线。导线也可以通过过孔把一个导电层和另一个导电层连接起来。PCB 设计的核心工作就是如何布置导线。

与导线有关的另外一种线常常称为"飞线"，即预拉线。飞线是导入网络表后，系统根据规则自动生成的，用来指引系统自动布线的一种连线。

导线和飞线有着本质的区别，飞线只是在逻辑上表示出各个焊盘间的连接关系，并没有物理的电气连接意义。导线则是根据飞线指示的各焊盘和过孔间的连接关系而布置的，是具有电气连接意义的连接线路。

6.5　PCB 设计流程以及基本原则

6.5.1　PCB 设计流程

在使用 Altium Designer 14 设计 PCB 时，一般可以分为如图 6-5 所示的几个步骤。

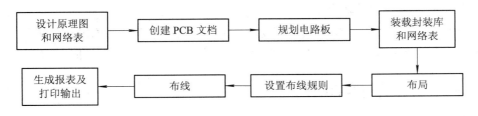

图 6-5　PCB 设计流程

1. 设计原理图和网络表

绘制正确的原理图和网络表。原理图是设计 PCB 板的前提，而网络表是连接原理图和 PCB 图的桥梁，所以在绘制 PCB 之前一定要先得到正确的原理图和网络表。原理图和网络表的设计与生成是电路板设计的前期工作，在前面的章节中已经详细介绍过，这里不再赘述。

2. 创建 PCB 文档

通过创建 PCB 文档，调出 PCB 编辑器，在 PCB 编辑环境中完成设计工作。

3. 规划电路板

绘制印刷电路板图之前，设计者还应首先对电路板进行规划，包括电路板是采用双层板还是多层板，电路板的形状、尺寸，电路板的安装方式，在需要放置固定孔的地方放上适当大小的焊盘，以及在禁止布线层上绘制 PCB 的外形轮廓等。这是一项极其重要的工作，是电路板设计的一个基本框架。

4. 装载封装库和网络表

要把元器件放置到印刷电路板上，需要先装载所用元器件的封装库，否则在将原理图信息导入到 PCB 时调不出元件封装，导致出现错误。网络表是 PCB 自动布线的核心，也是电路原理图设计与印刷电路板设计之间的接口。只有装入网络表，才可以进行印刷电路板的自动布局和自动布线操作。

5. 布局

布局就是将元件摆放在印刷电路板中的适当位置。这里的"适当位置"包含两个意思：一是元件所放置的位置能使整个电路板符合电气信号流向设计及抗干扰等要求，而且看上去整齐美观；二是元件所放置的位置有利于布线。元件布局包括自动布局和手工调整两个过程。自动布局是系统根据某种算法在电气边界内自动摆放元件的位置。如果自动布局不尽如人意，则再进行手工调整。

6. 设置布线规则

对于有特殊要求的元件、网络标号，一般在布线前需要设置布线规则，比如安全间距、导线宽度、布线层等。

7. 布线

布线操作既可以自动布线也可以手工布线，Altium Designer 14 的自动布线功能十分强大，如果元件布局合理、布线规则设置得当，自动布线的成功率就会接近 100%。自动布线后，设计者可以对不太合理的地方进行调整，重新布线，从而优化 PCB 的设计效果。

8. 生成报表以及打印输出

完成电路板的布线后，将生成各种设计、生产需要的报表，并输出打印一些文件。按照上述流程设计出 PCB 图后，即可将该文档交给印刷电路板生产单位进行制作。

6.5.2　PCB 设计的基本原则

PCB 设计的好坏对电路板抗干扰能力影响很大，因此，在进行 PCB 设计时，必须遵循 PCB 设计的一般原则，并应符合抗干扰设计的要求。为了设计出性能优良的 PCB，应遵循下面的一般原则。

1. 布局原则

首先，要考虑 PCB 尺寸大小。PCB 尺寸过大时，印制线条长，阻抗增加，抗噪声能力下降，成本也增加；其尺寸过小时，散热不好，且邻近线条易受干扰。在确定 PCB 尺寸后，再确定特殊元件的位置。最后，根据电路的功能单元，对电路的全部元器件进行布局。

在确定特殊元件的位置时要遵守以下原则：

(1) 尽可能缩短高频元器件之间的连线，设法减少它们的分布参数和相互间的电磁干扰。易受干扰的元器件不能相互挨得太近，输入和输出元件应尽量远离。

(2) 某些元器件或导线之间可能有较高的电位差，应加大它们之间的距离，以免放电引出意外短路。带高电压的元器件应尽量布置在调试时手不易触及的地方。

(3) 重量超过 15g 的元器件，应当用支架加以固定，然后焊接。那些又大又重、发热量多的元器件，不宜装在印制板上，而应装在整机的机箱底板上，且应考虑散热问题。热敏元件应远离发热元件。

(4) 对于电位器、可调电感线圈、可变电容器、微动开关等可调元件的布局应考虑整机的结构要求。若是机内调节，应放在印刷板上方便于调节的地方；若是机外调节，其位置要与调节旋钮在机箱面板上的位置相适应。

(5) 应留出印刷板定位孔及固定支架所占用的位置。

根据电路的功能单元，对电路的全部元器件进行布局时要符合以下原则：

(1) 按照电路的流程安排各个功能电路单元的位置，使布局便于信号流通，并使信号尽可能保持一致的方向。

(2) 以每个功能电路的核心元件为中心，围绕它来进行布局。元器件应均匀、整齐、紧凑地排列在 PCB 上，尽量减少和缩短各元器件之间的引线和连接。

(3) 在高频下工作的电路，要考虑元器件之间的分布参数。一般电路应尽可能使元器件平行排列。这样，不但美观，而且装焊容易，易于批量生产。

(4) 位于电路板边缘的元器件，离电路板边缘一般不小于 2 mm。电路板的最佳形状为矩形。电路板尺寸大于 200 mm × 150 mm 时，应考虑电路板所能承受的机械强度。

2. 布线原则

在 PCB 设计中，布线是设计 PCB 的重要步骤。布线有单面布线、双面布线和多层布线之分。为了避免输入端与输出端的边线相邻平行而产生反射干扰和两相邻布线层互相平行产生寄生耦合等干扰而影响线路的稳定性，甚至在干扰严重时造成电路板根本无法工作的情况，在 PCB 布线工艺设计中一般要考虑以下方面：

(1) 连线精简原则。连线要精简，尽可能短，尽量少拐弯，力求线条简单明了。

(2) 安全载流原则。铜线宽度应以自己所能承载的电流为基础进行设计。铜线的载流能力取决于线宽和线厚(铜箔厚度)。当铜箔厚度为 0.05 mm、宽度为 1～15 mm 时，通过 2A 的电流，温度不会高于 3℃，因此导线宽度为 1.5mm 即可满足要求。对于集成电路，尤其是数字电路，通常选用 0.02～0.3 mm 导线宽度。当然，只要允许，还是尽可能用宽线，尤其是电源线和地线。

(3) PCB 抗干扰原则。印刷电路板的抗干扰设计与具体电路有着密切的关系，涉及的知识也比较多。一些抗干扰设计说明如下：

电源线设计原则：根据印刷线路板电流的大小，要尽量加粗电源线宽度，减少环路电阻；同时使电源线、地线的走向和数据传递的方向一致，这样有助于增强抗噪声能力。

地线设计的原则：数字地与模拟地分开；接地线应尽量加粗，若接地线用很细的线条，则接地电位随电流的变化而变化，使抗噪性能降低。如有可能，接地线线宽应在 2～3 mm 以上。

另外，铜膜导线的拐弯处应为圆角或斜角(因为高频时直角或尖角的拐角处会影响电气性能)，双面板两面的导线应互相垂斜交或者弯曲走线，尽量避免平行走线，减少寄生耦合等。

6.6　PCB 设计编辑器

6.6.1　PCB 文件的创建

创建 PCB 文件应进入 PCB 设计系统，实际上就是启动 PCB 编辑器。Altium Designer 14 为设计者提供了多种新建 PCB 文件的方法，分别是手动生成 PCB 文件、通过模板生成 PCB 文件和通过向导生成 PCB 文件。下面具体介绍这三种方法的步骤。

1. 手动生成 PCB 文件

在已经创建工程的前提下，选择菜单命令 File >> New >> PCB，在设计窗口中将会出现一个命名为 PCB1.PcbDoc 的空白 PCB 文件并且会自动打开这个 PCB 文件。

2. 通过模板生成 PCB 文件

在左侧的工作区面板里选择 File 标签，通过点击收缩标志，把在最下面的 New from template 区域全部显示在屏幕上，如图 6-6 所示。在该区域面板上单击 PCB Templates 选项，在弹出的 Choose existing Document 对话框中选择 PCB 模板文件。例如图 6-7 所示，选择 AT short bus (7 × 4.2 inches)模板，单击打开按钮，即创建了 PCB 文件并自动打开，如图 6-8 所示。

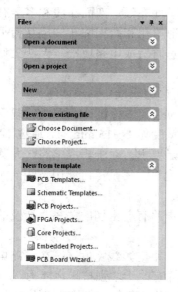

图 6-6　New from template 区域面板

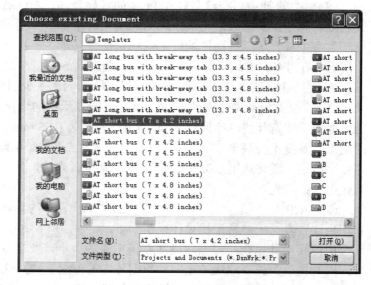

图 6-7　Choose existing Document 对话框

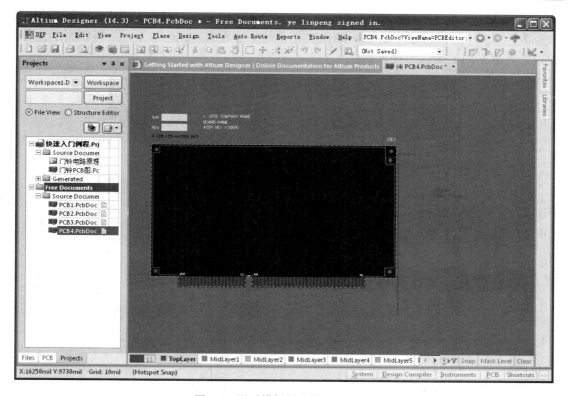

图 6-8　通过模板创建的 PCB 文件

3. 通过向导生成 PCB 文件

(1) 在 New from template 区域面板中点击 PCB Board Wizard 选项，系统将弹出如图 6-9 所示的 PCB Board Wizard 对话框。

图 6-9　PCB Board Wizard 对话框

(2) 在 PCB Board Wizard 对话框中单击 Next 按钮，进入 Choose Board Units(选择板单位)对话框，如图 6-10 所示。该对话框中有 Imperial(英制的)和 Metric(米制的)两个单选按钮可以选择。在 Altium Designer 14 系统中英制和米制的基本单位是 mil 和 mm，它们的换算关系为：1 mil = 1/1000 in = 0.0254 mm。由于系统中应用的单位基本上都是英制的，因此建议设计者也采用英制作为设计单位。

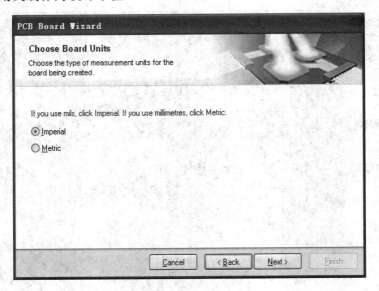

图 6-10　Choose Board Units 对话框

(3) 在 Choose Board Units 对话框中选英制单位后点击 Next 按钮，进入如图 6-11 所示的 Choose Board Profiles(选择板剖面)对话框。在该对话框中可以选择 PCB 板使用的模板，选择一个模板，右侧区域将显示出该模板的预览图。如果使用模板的话，就和通过模板生成 PCB 文件的操作相似，所以这里选择一个 Custom(自定义)选项，单击 Next 按钮，即可进入 Choose Board Details(选择板详细信息)对话框，如图 6-12 所示。

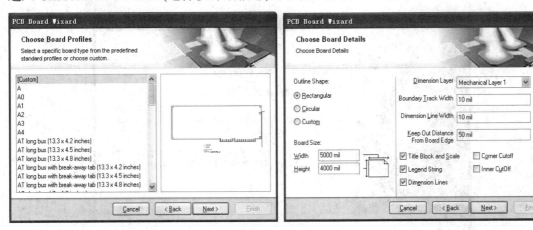

图 6-11　Choose Board Profiles 对话框　　　图 6-12　Choose Board Details 对话框

(4) 在 Choose Board Details(选择板详细信息)对话框中可以设置 PCB 的外形形状、板尺寸、尺寸层等参数。选择默认参数，单击 Next 按钮，即可进入 Choose Board Layers(选择板层)对话框，如图 6-13 所示。

(5) 在 Choose Board Layers(选择板层)对话框中可以设置信号层和电源平面的层数。这里设置一个双面板，即信号层选项设置为 2，电源平面选项设置为 0。设置完成后，单击 Next 按钮，即可进入如图 6-14 所示的 Choose Via Style(选择过孔类型)对话框。

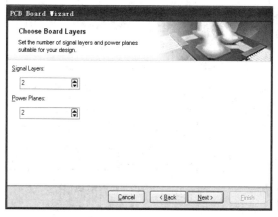 

图 6-13　Choose Board Layers 对话框　　　　图 6-14　Choose Via Style 对话框

(6) 在 Choose Via Style(选择过孔类型)对话框中有两种类型的过孔供选择：一种是通孔，即穿透整个板子；一种是盲孔和埋孔，盲孔是从表面层通到中间层，埋孔是连通中间层的。同时在该对话框的右侧有相应的过孔样式预览。选择通孔类型后，单击 Next 按钮即可进入 Choose Component and Routing(选择元件和布线)对话框，如图 6-15 所示。

(7) 在 Choose Component and Routing(选择元件和布线)对话框中如果选择表面装配元件单选按钮，则表示以表面贴片式安装元件，并且需要指定是否在电路板的双面安装元件。如果选择通孔元件选项，则表示以直插式安装元件，并且需要设置临近两个焊盘允许布线的数量，如图 6-16 所示。

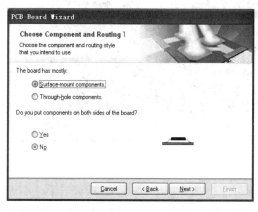 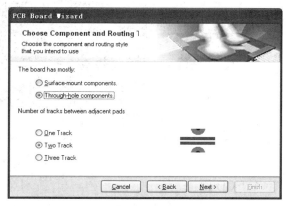

图 6-15　Choose Component and Routing 对话框　　　图 6-16　选择直插式元件

(8) 设置完成后，单击 Next 按钮，即可进入 Choose Default Track and Via size(选择导线和过孔尺寸)对话框，如图 6-17 所示。在该对话框中可以设置 PCB 的最小导线尺寸、过孔尺寸、导线之间的距离和过孔孔径大小等。

(9) 设置完成后，单击 Next 按钮，即可进入 PCB 向导完成界面，如图 6-18 所示。单击 Finish 按钮，系统可根据前面的设置生成一个默认名为 PCB1.PcbDoc 的新 PCB 文件，同时进入 PCB 编辑器。

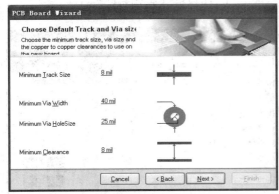

图 6-17　Choose Default Track and Via size 对话框

图 6-18　PCB 向导完成界面

6.6.2　PCB 编辑器的界面

PCB 编辑器界面与原理图的界面类似，也主要由菜单栏、工具栏、板层标签、状态栏、工作区面板和工作区等组成，如图 6-19 所示。

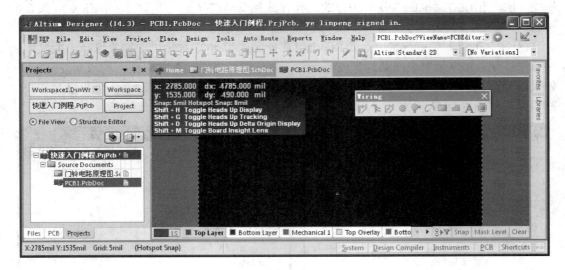

图 6-19　PCB 编辑器

1. PCB 面板

在 PCB 编辑器的左侧工作区面板中选择 PCB 标签，即可打开 PCB 面板，如图 6-20 所示。

PCB 面板囊括了 PCB 中的所有对象。单击顶端的下拉按钮，选择一个要显示的类别，其包括网络类(Nets)、元件类(Components)、规则类(Rules)、焊盘类(Hole Size Editor)和差分对类(Differential Pairs Editor)等。图 6-20 中所示的是网络类，单击其中一个网络，可以显示连接到该网络所有的走线、焊盘和过孔。

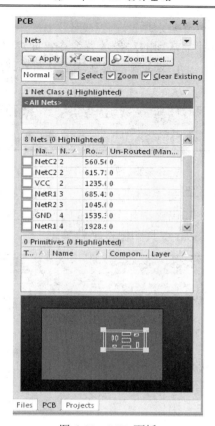

图 6-20　PCB 面板

2. PCB 菜单栏

菜单栏显示了供设计者选用的菜单操作，如图 6-21 所示。与原理图编辑器的菜单栏相比，该菜单栏不仅多了 Auto Route(自动布线)菜单，其他菜单提供的命令也发生了很大的变化。具体应用在后面的章节中将一一介绍。

图 6-21　PCB 菜单栏

3. PCB 工具栏

与原理图编辑器一样，PCB 编辑器也提供了各种工具栏。

1) PCB 标准工具栏

该工具栏提供了一些基本操作命令，如打印、放缩、快速定位、浏览元件等，与原理图编辑器中的标准工具栏基本相同，如图 6-22 所示。

图 6-22　PCB 标准工具栏

2) Wiring 工具栏(布线工具栏)

该工具栏提供了 PCB 设计中常用的对象放置命令，如焊盘、过孔、文本编辑等，还包括了几种布线的方式，如交互式布线连接、交互式差分对连接、使用灵活布线交互布线连接等，如图 6-23 所示。

图 6-23　Wiring 工具栏

3) Utilities 工具栏(多用工具栏)

该工具栏如图 6-24 所示，其包含了几个常用的子工具，如绘图工具、排列工具、查找工具、放置尺寸工具、放置 Room 工具和栅格工具等。

图 6-24　Utilities 工具栏

4. 板层标签

该标签位于 PCB 编辑器的下方，用于切换 PCB 工作的层面，所选中的板层将显示在最前端。具体板层的介绍将在下一章中详细介绍。

6.7　板层基础

印刷电路板呈层状结构，不同的印刷电路板具有不同的工作层。下面具体介绍工作层的类型和设置。

6.7.1　工作层的类型

印刷电路板上的"层"不是虚拟的，而是印制材料本身实际存在的层。PCB 包含许多类型的工作层，可以使设计者在不同的工作层上进行不同的操作。不同的工作层在系统中是通过不同的颜色来区分的。下面介绍几种常用的工作层面。

1. 信号层(Signal Layer)

信号层主要用于布置电路板上的导线。对于双面板来说，信号层就是顶层(Top Layer)和底层(Bottom Layer)。Altium Designer 14 提供了 32 个信号层，包括顶层(Top Layer)、底层(Bottom Layer)和 30 个中间层(Mid Layer)。顶层一般用于放置元件，底层一般用于焊锡元件，中间层主要用于放置信号走线，在实际电路板中是看不见的。

2. 丝印层(Silkscreen)

丝印层主要用于绘制元件封装的轮廓线和元件封装文字，以便用户读板。Altium Designer 14 提供了顶丝印层(Top Overlayer)和底丝印层(Bottom Overlayer)。在丝印层上做的所有标示和文字都是用绝缘材料印制到电路板上的，不具有导电性。

3. 机械层(Mechanical Layer)

机械层主要用于放置标注和说明等，例如尺寸标记、过孔信息、数据资料、装配说明等，Altium Designer 14 提供了 16 个机械层 Mechanicall1～Mechanicall16。

4. 阻焊层和锡膏防护层(Mask Layers)

阻焊层主要用于放置阻焊剂，防止焊接时由于焊锡扩张引起短路。Altium Designer 14 提供了顶阻焊层(Top Solder)和底阻焊层(Bottom Solder)两个阻焊层。

锡膏防护层主要用于安装表面粘贴元件(SMD)。Altium Designer 14 提供了顶防护层(Top Paste)和底防护层(Bottom Paste)两个锡膏防护层。

5. 禁止布线层(Keep out layer)

禁止布线层用于定义能够有效放置元件和走线的区域。不论禁止布线层是否可见，禁止布线层的边界都存在。一般在禁止布线层绘制一个封闭区域作为布线有效区。

6.7.2　工作层的设置

Altium Designer 14 允许设计者自行定义工作层的参数，设计者可以根据需要进行相关的设置，使得设计过程变得更加快捷有效。

1. 设置板层结构

执行菜单命令 Design >> Layer Stack Manager，系统将弹出如图 6-25 所示的 Layer Stack Manager(板层堆栈管理器)对话框。在该对话框中可以选择 PCB 的工作层面，设置板层的结构和叠放方式，默认为双面板设计，即给出了两层布线层：顶层和底层。板层管理器的主要设置及功能如下：

- Add Layer：用于向当前设计的 PCB 中增加一工作层或者内层。新增加的层面将添加在当前层面的下面。
- Delete Layer：删除所选定的当前层。
- Move Up：将当前指定的层进行上移。

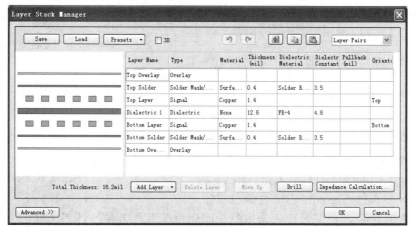

图 6-25　Layer Stack Manager 对话框

- Drill：设置 PCB 中钻孔的属性。
- Impedance Calculation：用于重新编辑阻抗和线宽的公式。
- 右上角下拉框：用于对多层板的工艺材料放置方式进行设置。有 3 种放置方式供设计者选择：Layer Pairs、Internal Layer Pairs 和 Build-Up。选择 Layer Pairs 选项，表示 PCB 按照一层胶木板、一层树脂板的顺序进行放置；选择 Internal Layer Pairs 选项，表示 PCB 按照一层树脂板、一层胶木板的顺序进行放置；选择 Build-Up 选项，表示 PCB 只在最底层采用胶木板，其余各层用树脂板。
- Presets 下拉菜单：可以选择不同的信号层。

点击 OK 按钮即可关闭板层管理器。

2. 设置工作层的颜色

设置好板层堆栈管理器后，所有可用层都会在 PCB 编辑器区的下方标签栏显示。单击某个标签将其定义为当前层，就可以在 PCB 编辑工作区进行各种操作。每一个层面都用不同的颜色来进行标识，方便设计。设计者可以通过使用 Board Layers＆Colors 对话框来显示以及设置层的颜色。

执行主菜单命令 Design >> Board Layers＆Colors，系统将弹出如图 6-26 所示的"Board Layers＆Colors(板层和颜色)"设置对话框。

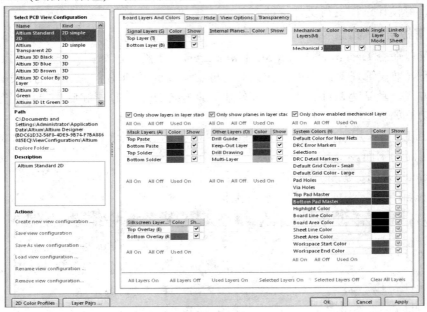

图 6-26　Board Layers＆Colors 对话框

该对话框中共有 7 个选项区域，分别对 Signal Layers(信号层)、Internal Planes(内层)、Mechanical Layers(机械层)、Mask Layers(阻焊层)、Silkscreen Layers(丝印层)、Other Layers(其他层)和 System Colors(系统颜色)进行颜色设置。每项设置中都有 Show 复选项，决定是否显示。点击对应颜色图示，可以进行颜色设定。

注意：根据经验，建议设计者采用默认的颜色配置，方便设计者之间的阅读和交流。

第 7 章　PCB 的设计

本章将通过在第 2 章中介绍的实例来讲解 PCB 的整个设计过程，重点介绍元件布局和 PCB 布线等操作方法。

7.1　规划印刷电路板

规划 PCB 有两种方法：一是通过向导工具生成或者通过模板生成，二是手动规划电路板。虽然利用向导可以生成一些标准规格的电路板，但更多的时候，需要自己来规划电路板。在实际中设计的 PCB 都有严格的尺寸要求，这就需要设计者认真地规划，准确地定义电路板的物理尺寸和电气边界。有关通过向导生成和通过模板生成的方式请参考 6.6.1 节中的介绍。下面来介绍手动规划电路板的一般步骤。

1. 创建空白的 PCB 文档

创建工程项目，并绘制好电路原理图生成相应的网络表等报表，以第二章中介绍的门铃电路为例。执行 Files >> New >> PCB 命令，可在项目工程下新建一个 PCB 文件，默认名称为 PCB1.Pcbdoc。通过执行菜单命令 File >> Save As 可以对新建的 PCB 图进行重命名，命名为门铃 PCB 图，PcbDoc，如图 7-1 所示。

图 7-1　创建新的 PCB 文件

2. 设置 PCB 的外形

根据设计产品的结构模型来设计 PCB 的物理边界，即 PCB 的外形。可以采用下面两种方法来实现。

1) 手工定义

通过重定义外形，或者移动已经存在的板卡顶点。具体步骤：

(1) 执行 View >> Board Planning Mode 命令切换到下板卡规划模式(或者按快捷键数字"1")，就会看到板框界面变绿了，如图 7-2 所示。

(2) 在板卡规划模式下执行菜单命令 Design >> Redefine Board Shape，重定义板卡形状，这时光标变成十字形，移动鼠标到电路板上，单击鼠标左键确认起点，然后移动鼠标多次单击确定多个固定点重新设定电路板的尺寸。当绘制的边框未封闭时，系统将自动连接起始点和结束点以完成电路板的定义。

(3) 也可以改变已经存在的板卡形状。执行菜单命令 Design >> Edit Board Shape，板卡边框将出现多个可以拖动的固定点，如图 7-3 所示。将光标移动到固定点或者边框线上面，按住左键拖动固定点或者边框线即可改变板卡的形状。

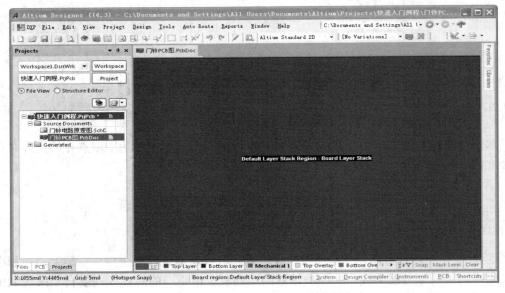

图 7-2 Board Planning Mode 下的板卡

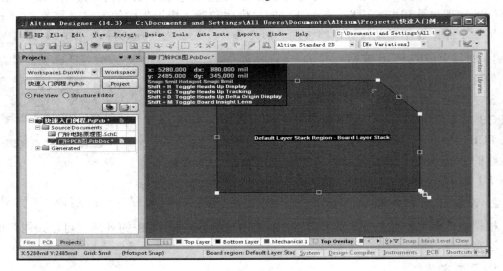

图 7-3 编辑板卡形状

(4) 还可以移动已经存在的板卡形状，执行菜单命令 Design >> Move Board Shape，这时光标变成十字形并且已经带着浮动的板卡形状。只要移动光标到合适的位置，单击鼠标左键即可把板卡移动到新位置。

(5) 完成板卡形状规划后，执行菜单命令 View >> 2D Layout Mode(或者按快捷键数字"2")退回到 2D 的布线模式下，至此即完成 PCB 外形的设置。

2) 从选择的对象中定义

在机械层或者其他层利用线条或圆弧定一个内嵌的边界，以这个新建对象为参考重新定义板卡形状。画好边界后，如图 7-4 所示，选中整个边界，再执行菜单命令 Design >> Board Shape >> Define From Selected Objects，系统将弹出一个如图 7-5 的确认对话框，按 Yes 按钮，即可完成板卡形状的设置，如图 7-6 所示。

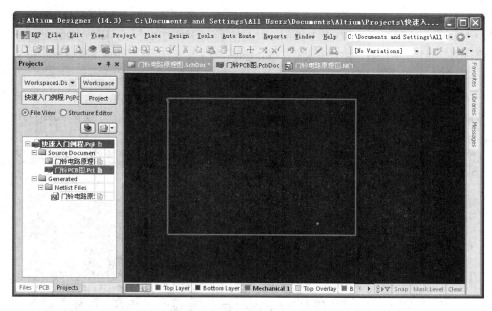

图 7-4 绘制一个板卡的边框

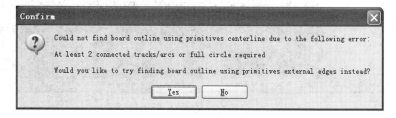

图 7-5 设置板卡形状确认对话框

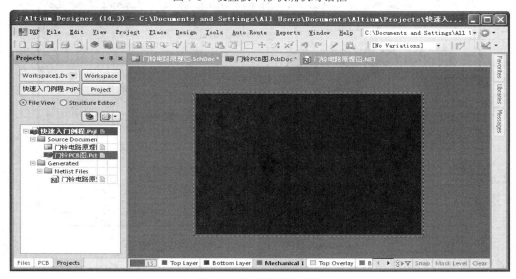

图 7-6 完成的板卡形状

3. 设置 PCB 电气边界

PCB 的电气边界用于设置元件以及布线的放置区域范围，它必须在 Keep-Out Layer(禁止布线层)绘制。方法一：首先将 PCB 编辑区的当前工作层切换为 Keep-Out Layer，即在 PCB 编辑器区的下方标签栏中单击 Keep-Out Layer 选项。然后执行 Place >> Line 和 Place >> Arc 等绘图命令在板卡物理边界内绘制一个封闭图形即可，如图 7-7 所示。方法二：执行菜单命令 Design >> Board Shape >> Create Primitives From Board Shape，在弹出的如图 7-8 所示的 Line/Arc Primitives From Board Shape 的对话框中的 Layer 选项中选择 Keep-Out Layer 选项，点击 OK 按钮，即可完成根据板卡外形生成禁止布线层。

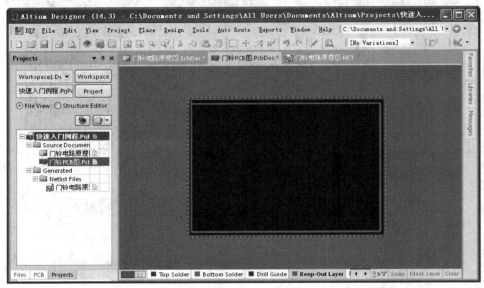

图 7-7　设置完成的 PCB 板电气边界

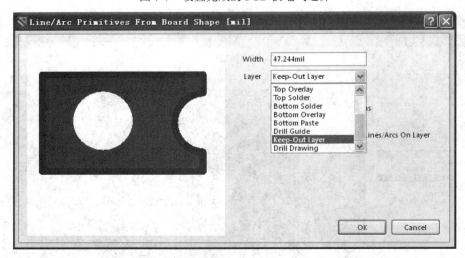

图 7-8　Line/Arc Primitives From Board Shape 对话框

4. 设置板层和系统参数

执行菜单命令 Design >> Layer Stack Manager，在弹出的 Layer Stack Manager(板层堆栈

管理器)对话框中设置板层, 如图 6-25 所示, 默认为双面板。

通过设置 PCB 系统参数来确定设计系统的开发环境和界面风格, 可以形成个性化的环境。选择菜单命令 Tools >> Preference(或者 DXP >> Preference 中的 PCB Editor), 在弹出的属性对话框中进行个性化的设置, 具体的设置请参考 Altium Designer 14 的帮助。建议初学者采用默认的系统参数。

7.2　装入元件封装库及网络表

网络表是原理图与 PCB 图之间的联系纽带, 原理图的信息可以通过导入网络表的形式完成与 PCB 之间的同步。在进行网络表的导入之前, 需要装载元件的封装库。

1. 准备好原理图和网络表

首先准备一张电路原理图。如在第 2 章中的已经完成的门铃电路原理图的设计, 如图 7-9 所示。然后生成该原理图的网络表, 如图 7-10 中所示的门铃电路原理图.NET 文件。绘制原理图和生成网络表的内容参考第 3 章的介绍。

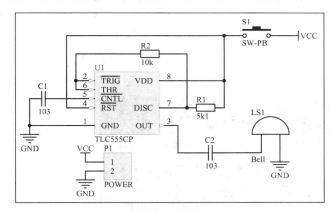

图 7-9　门铃电路原理图

图 7-10　生成门铃电路原理图.NET 文件

2. 加载元件封装库

在装入网络表之前, 必须先装入设计所需要的元件所在的元件封装库。Altium Designer 14 提供了元件集成库, 包含元件、元件封装、仿真模型等多项内容, 如果在设计时所用的元件封装都来自于设计的元件集成库, 那么只要在原理图设计时已经加载好元件集成库, 这里就不需要再加载了。可以通过点击系统编辑区右侧的 Libraries 标签, 显示的 Libraries 面板和在原理图设计时的 Libraries 面板一样, 在加载库里可以看到已经存在画原理图时加载的元件集成库。如果封装来自其他库的, 请加载其所在的库。加载元件库的操作和原理图中加载库的操作一致, 请参考 3.3 节的内容。

3. 装入网络表

下面介绍两种装入网络表的方法。

1) 方法一

打开 PCB 文件, 即快速入门例程项目工程中的门铃电路原理图.PcbDoc 文件, 执行菜单命令 Design >> Import Changes From 快速入门例程.PrjPcb 命令，在弹出如图 7-11 所示的 Engineering Change Order 对话框。点击对话框中 Validate Changes 按钮，系统将检查所有的更改是否都有效。如果有效，将在右边 Check 栏对应位置打勾；如果有错误，Check 栏将显示红色错误标识。一般的错误都是由于元件封装定义错误或者设计 PCB 时没有添加对应元件封装库造成的。

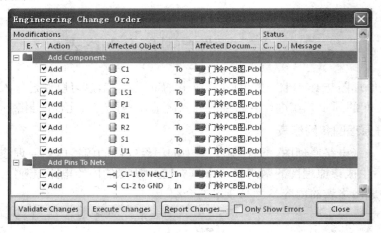

图 7-11　Engineering Change Order 对话框中

单击 Execute Changes 按钮，系统将完成网络表的导入，最后单击 Close 按钮。导入网络表后的 PCB 图如图 7-12 所示。导入的元件都放在一个 Room 中，以方便整体移动。

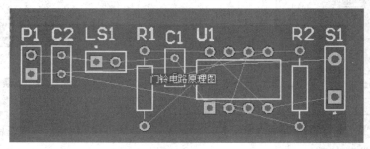

图 7-12　导入网络表后的 PCB 图

2) 方法二

打开原理图文件，即快速入门例程项目工程中的门铃电路原理图.SchDoc 文件，执行 Design >> Update PCB Document 门铃 PCB 图.PcbDoc 命令，系统同样会弹出如图 7-11 所示的 Engineering Change Order 对话框，在该对话框中单击 Execute Changes 按钮，系统将完成网络表的导入，最后单击 Close 按钮。

7.3　PCB 布局

完成了网络表的载入工作后，就要进行元件的布局调整。合理的布局是 PCB 布线的关键，如果 PCB 元件布局不合理，将可能使电路板导线变的非常复杂，甚至无法完成布线操作。Altium Designer 14 提供了两种元件布局方法，一种是手工布局，一种是自动布局。对于元件不多的电路，可以采用手工布局；而对于相对复杂的电路，可以采用自动布局，这种方法效率比较高，但往往存在一定的不合理性。因此，在实际应用中一般采用手工布局，或者先自动布局后手工布局的混合方式。

7.3.1　PCB 布局的原则

在进行 PCB 布局的时候，要兼顾美观和信号完整性规则。下面给出一些 PCB 布局的建议：

(1) 按照电路的流程安排各个功能电路单元的位置，使布局便于信号流通，并使信号尽可能保持一致的方向，输入在左边，输出在右边；或者以每个功能电路的核心元件为中心，围绕它来进行布局。

(2) 数字器件和模拟器件要分开，尽量远离；尽可能缩短高频元器件之间的连线，设法减少它们的分布参数和相互间的电磁干扰。

(3) 根据电源接口规范，确定电源管理模块的位置，电源模块周围元件的布局要满足电源模块厂家给出的相关设计规范。

(4) 对于电位器、可调电感线圈、可变电容器、微动开关等可调元件的布局应考虑整机的结构要求，若是机内调节，应放在印制板上方便于调节的地方；若是机外调节，其位置要与调节旋钮在机箱面板上的位置相适应。

(5) 发热元器件应尽可能远离其它元器件，一般放置在边角，机箱内通风位置，发热器件一般都要用散热片，所以要考虑留出合适的空间安装散热片

(6) 元件分布要尽可能均匀，不要太密集。

7.3.2　手工布局

手工布局就是在 PCB 编辑环境下以手工的方式将元件放置到合理的位置。所以手工布局主要是对元件进行移动、旋转和对齐、以及元件封装的属性编辑等操作。在布局时除了要考虑元件的位置外，必须调整好丝网层上文字符号的位置，还应当从机械结构、散热、电磁干扰及布线的方便性等方面综合考虑元件布局。

1. 手工移动元件

两种手工移动元件操作方法。

(1) 用鼠标左键单击需要调整位置的对象，按住鼠标左键不放，将该对象拖到合适的位置，然后释放即可。

(2) 选择 PCB 的菜单命令 Edit >> Move >> Component，光标变为十字，移动光标至要移动的元件处，单击该元件，元件将连在鼠标上随之一起移动，移动光标到目标位置，单击鼠标左键放置元件。这时，鼠标仍为十字，可以继续移动下一个元件。单击鼠标右键或按 Esc 键，即可退出移动元件的命令状态。

2. 转动元件方向

用鼠标选中要转动的元件，按下鼠标左键不放，同时按下空格键即可逆时针旋转元件。

也可以利用 X 键或 Y 键进行水平翻转和垂直翻转元件，但是不建议设计者使用。

3. 排列元件

选中要对齐的元件，执行 Edit >> Align 命令下选择对齐命令，可以实现向最左边的元件对齐、向最右边的元件对齐、向最上面的元件对齐和向最下面的元件对齐等多种对齐方式。

4. 元件标号和标注的调整

这里所指的元件标号就是流水线序号(Designator)，元件的标注就是指元件属性(Comment)。在调整元件位置的过程中，元件的标号和标注会变得杂乱无章，有的重叠在一起，有的会跑到其他元件上面，所以要对元件的标号和标注进行调整。调整的方法同调整元件一样，将光标移至某个标号或者标注上面，按住鼠标左键不放拖动到合适位置，也可以按 Space 键旋转，然后松开鼠标左键即可。还有一种方法是双击标号或者标注打开它的属性对话框，去修改坐标 Location X，Y 的参数和角度 Rotation 的参数。

下面介绍一种批量调整元件标号和标注位置的方法：先选中元件，再执行 Edit >> Align >> Position Component Text 命令，系统将弹出如图 7-13 所示的 Component Text Position 对话框，在这个对话框中可以设置元件的标号和标注相对于元件的放置位置。左边的 Designator 区域用于设置元件标号相对于元件的放置位置；右边的 Comment 区域用于设置元件标注相对于元件的放置位置。设置好相对位置后，按 OK 键完成操作。

特别提醒一般 PCB 上显示元件标注，建议设计者把元件标注设为隐藏。经过手工布局，得到如图 7-14 所示的效果图，该图已经删除了 Room。

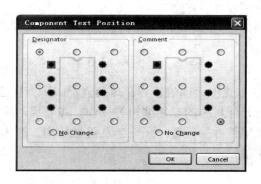

图 7-13　Component Text Position 对话框

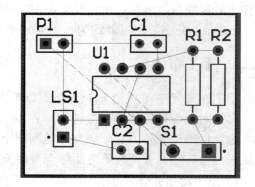

图 7-14　完成的手工布局

7.3.3　自动布局

将元件载入 PCB 后，元件堆挤在一起或排列在布线框外，前面我们可以利用手工布局对元件进行布局，在这里我们还可以利用 Altium Designer 14 提供的自动布局功能。下面介绍一种自动布局方法的操作步骤。

(1) 先把元件封装和所在 Room 移进电路板区，根据电路板的形状进行相应的调整，如图 7-15 所示。如果删除了 Room，通过执行菜单命令 Design >> Rooms >> Place Rectangular Room 可添加一个 Room。

(2) 执行菜单命令 Tools >> Component Placement >> Arrange Within Room，可以得到如图 7-16 所示的自动布局效果。

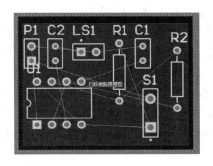

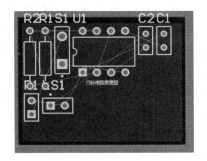

| 图 7-15 移入元件封装 | 图 7-16 完成的自动布局 |

仔细观察如图 7-16 所示的自动布局效果，这样的布局还是不能满足实际设计需求，因此不能完全依赖程序的自动布局。在自动布局结束后往往还要对元件布局进行手工调整。同时还要考虑到电路是否能正常工作和电路的抗干扰性等问题，如果对某些元件的布局有特殊的要求时，这是系统自动布局无法完成的。因此在实际的设计中，对元件进行布局基本上都是采用手工调整布局，假如一定要用自动布局功能，也就是来测试一下在现有的空间下能否布局下所有的元件。

7.4 PCB 布线

在 PCB 设计中，布线是完成产品设计的重要步骤，可以说前面的准备工作都是为它而做的。在整个 PCB 设计中，以布线的设计过程限定最高，技巧最细、工作量最大。PCB 布线可以使用自动布线和手动布线两种方式。对于简单的电路板，可以采用全自动布线，也可以采用纯手工布线；而对于复杂的电路板，采用手工布线就会费时费力，因而采用自动布线和手工布线结合的方式。

7.4.1 布线的基本原则

布线是整个 PCB 设计过程中最重要的工序，布线的好坏直接决定印刷电路板能否正常工作。在 PCB 的设计过程中，布线好坏一般划分为三个层次：第一层是布通。这是 PCB 在设计时的最基本的要求。如果线路都没布通，到处使用跳线，那将是一块不合格的板子，对设计者来说其水平还没入门。第二层是实现电路功能，满足电器性能。这是衡量一块印刷电路板是否合格的基本标准。这一层需要在第一层布通的基础上，认真调整布线，实现电路功能并使其能达到最佳的电器性能。第三个层次是美观。假如布线布通了，也没有什么影响电路功能的地方，但是一眼看过去杂乱无章，加上各种颜色的内容，板子显得五彩缤纷、花花绿绿的，那就算电路功能实现的再好，作为产品还是不满足市场要求的。而且这样给测试和维修也带来了极大的不便。布线要整齐划一，不能纵横交错毫无章法。这些都要在保证电路功能和满足其他个别要求的情况下实现，否则就是舍本逐末了。下面介绍一些布线时要遵守的基本原则。

(1) 在电源、地线之间加上去耦电容。在条件允许的范围内，尽量加宽电源、地线宽度，最好是地线比电源线宽，它们的关系是：地线＞电源线＞信号线。

(2) 预先对要求比较严格的线(如高频线)进行布线，输入端与输出端的边线应避免相邻平行，以免产生反射干扰。必要时应加地线隔离，两相邻层的布线要互相垂直，平行容易产生寄生耦合。

(3) 振荡器外壳接地，时钟线要尽量短，且不能引得到处都是。时钟振荡电路下面、特殊高速逻辑电路部分要加大地的面积，而不应该走其它信号线，以免使周围电场趋近于零。

(4) 尽可能采用 45° 的折线布线，不可使用 90° 折线，以减小高频信号的辐射(要求高的线还要用双弧线)。

(5) 任何信号线都不要形成环路，如不可避免，环路应尽量小；信号线的过孔要尽量少。

(6) 关键的线要尽量短而粗，并在两边加上保护地。

(7) 通过扁平电缆传送敏感信号和噪声场带信号时，要用"地线-信号-地线"的方式引出。

(8) 关键信号应预留测试点，以方便生产和维修检测时用。

(9) 布线完成后，应对布线进行优化；同时，经初步网络检查和 DRC 检查无误后，对未布线区域需进行地线填充，用大面积铜层作地线用，在印制板上把没被用上的地方都与地相连接作为地线用。或是做成多层板，电源，地线各占用一层。

布线是很考量心思的工作，在布线的过程中会不断的调整元件布局，修改走线，而且要充分考虑各方面的因素(比如方便检查、维修等)，多花心思，总结归纳经验就一定能设计出美观实用的布线。

7.4.2　布线规则设置

无论是采用自动布线还是手工布线，在布线之前都要合理地设置布线规则。布线规则是通过 PCB 规则及约束编辑器对话框来完成设置的。执行菜单命令 Design >> Rules，系统将弹出如图 7-17 所示的 PCB Rules and Constraints Editor 对话框，在该对话框中与布线有关的主要是电气规则(Electrical)和布线规则(Routing)。下面就对这两类规则分别介绍：

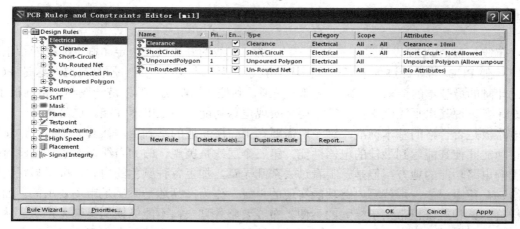

图 7-17　PCB Rules and Constraints Editor 对话框

1. 电气规则(Electrical)设置

电气规则的设置是针对具有电气特性的对象，用于 DRC 电气校验。当布线过程中违反电气特性规则时，DRC 校验器将自动报警提示用户。在 PCB Rules and Constraints Editor 对话框左边的规则列表栏中，单击 Electrical 前面的加号或者双击 Electrical 选项，系统将显示有 4 项电气子规则，在图 7-17 右侧显示的就是 Electrical 的 4 项规则。下面分别介绍这 4 项子规则的用途和设置方法。

1) Clearance(安全距离)

该规则用于设定在 PCB 的设计中，导线、导孔、焊盘、矩形敷铜填充等对象相互之间的安全距离。在一般的情况下系统设置一个默认名 Clearance 的规则，整个电路板上的安全距离为 10mil。如果需要修改设置的，单击 Clearance 子规则前面的加号，会展开一个已经存在的 Clearance 子规则，单击打开这个名为 Clearance 的规则，如图 7-18 所示。也可以通过添加新规则来设置一些特殊的要求。

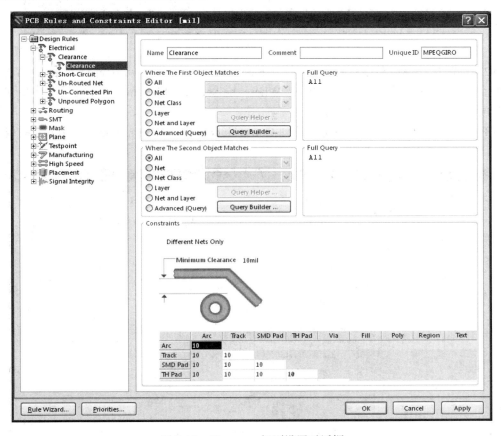

图 7-18　Clearance 规则设置对话框

下面以 VCC 和 GND 之间的安全距离设置为 30mil 为例说明新规则的添加方法。

(1) 增加新规则：在 Clearance 上单击右键并选择 New Rule 命令，则系统自动再增加一个名称为 "Clearance-1" 的规则(如图 7-19 所示)，点击 Clearance_1，在弹出的新规则设置对话框中进行设置。

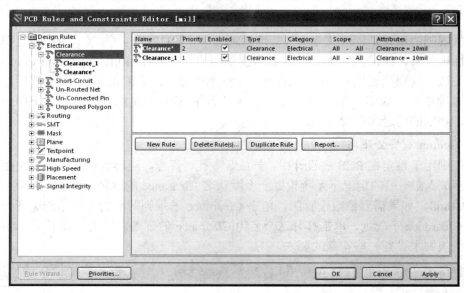

图 7-19 添加新规则

（2）设置规则使用范围：在 Where the First object matches 单元中选择 Net(网络)选项，在边上的下拉框中选择 VCC；同样的在 Where the Second object matches 单元中选择 Net(网络)选项，在下拉框中选择 GND。

（3）设置规则约束特性：将光标移到 Constraints 单元，将 Minimum Clearance 的值改为 30mil，如图 7-20 所示。

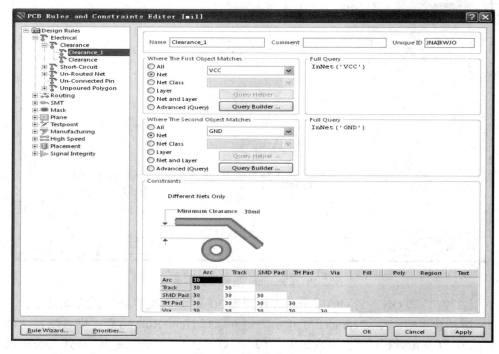

图 7-20 设置好新规则

(4) 设置优先权：此时在 PCB 的设计中同时有两个电气安全距离规则，因此必须设置它们之间的优先权。在图 7-20 的左下角点击优先权设置 Priorities 按钮，系统将弹出如图 7-21 所示的规则优先权编辑对话框。

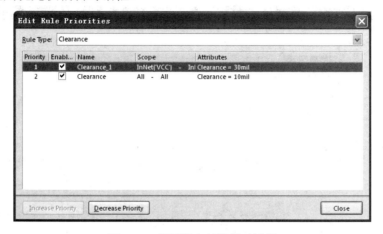

图 7-21　规则优先权编辑对话框

通过点击对话框下面的 Decrease Priority 与 Increase Priority 按钮可以改变布线规则中的优先次序。新添加的规则系统默认的优先级要高。

2) Short-Circuit (短路)

该规则用于设定电路板上的导线是否允许短路。默认设置为不允许短路。

3) Un-Routed Net (没有布线网络)

该设计规则用于用于检查指定范围内的网络是否布线成功，布线不成功的，该网络上已经布的导线将保留，没有成功布线的将保持飞线。

4) Un-Connected Pin(没有连接的引脚)

该规则用于检查指定范围内的元件封装的引脚是否连接成功。

注意：在一般的设计过程中，电气规则只需设置安全距离规则，其他 3 项均采用系统默认设置。

2. 布线规则(Routing)设置

在图 7-16 所示的 PCB Rules and Constraints Editor 对话框左边的规则列表中选择 Routing，里面共有 8 个规则选项。下面分别介绍这个 8 个子规则的用途和设置方法。

1) Width(走线宽度)

该规则用于设置走线的宽度。走线的宽度设置需要考虑几个因素：第一个是通过的电流。走大电流的线需要用粗线，小电流的可以用细线。通常线框的经验值为 10 A/mm^2，即横截面积为的布线能安全通过的电流值为 10 A。第二个是生成的成本和工艺。走线太宽会造成电路不够紧凑，并使制板成本提高。但是也不能太细，要考虑制板的工艺技术能不能达到，以及不同工艺对应的成本问题。一般地，信号线线宽为 10 mil～15 mil，电源线线宽为 30 mil～50 mil。

在如图 7-17 所示的 Routing 选项下，单击 Width 子规则前面的加号，会展开一个已经存在的 Width 子规则，单击该子规则在 Rules and Constraints Editor 对话框右侧的设置窗口，如图 7-22 所示。下面设置门铃 PCB 图这个例子的信号线和电源线的线宽，要求一般信号线线宽为 15 mil，电源线 VCC 和地线 GND 线宽为 30 mil。

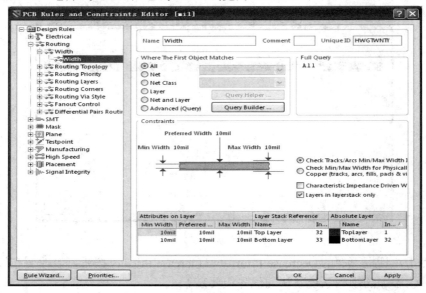

图 7-22　Width 子规则设置对话框

(1) 设置信号线线宽。在如图 7-22 所示的 Name 文本框中将规则名称改为"Width_All"；规则范围选择：All，也就是对整个电路板都有效；在 Constraints 内容处，将最小宽度(Min Width)、最大宽度(Max Width)和最佳宽度(Perferred Width)分别设为：15 mil、15 mil 和 15 mil。单击 Apply 按钮即可完成设置，如图 7-23 所示。

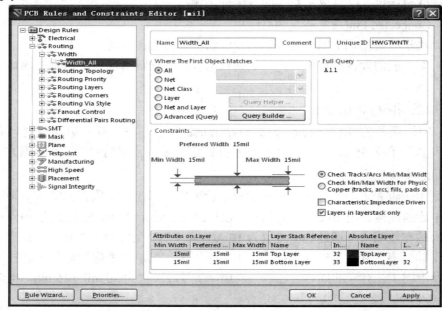

图 7-23　信号线线宽设置

(2) 设置电源线和地线的线宽。在如图 7-23 所示的 Width_All 处单击右键，选择 New Rule，如图 7-24 所示。

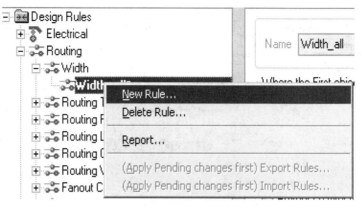

图 7-24　新建规则

将该规则命名为：Width_VCC，然后单击规则适用范围中的 Net 选项，选择 VCC 网络，将最小宽度(Min Width)、最大宽度(Max Width)和最佳宽度(Perferred Width)都设为：30 mil。单击 Apply 按钮即可完成设置，如图 7-25 所示。

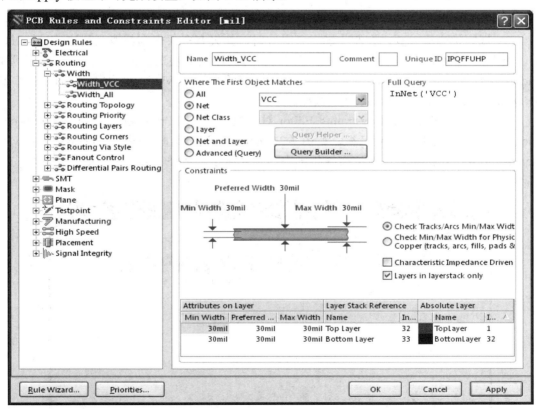

图 7-25　VCC 线宽设置

按照上述方法，完成设置 GND 的线宽，如图 7-26 所示。

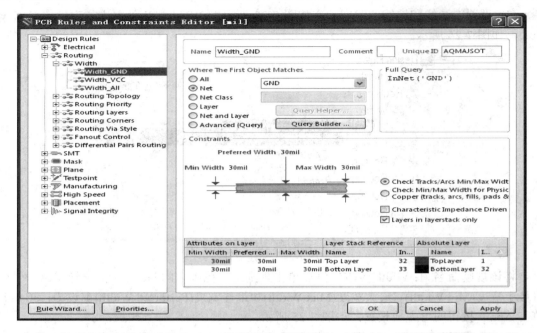

图 7-26 GND 线宽设置

(3) 规则优先级设置。在制作同一条导线时，如果有多条规则都涉及到这条导线时，要以级别高的为准，应该将约束条件苛刻的作为高级别的规则。前面设置的三条规则中 Width_VCC 和 Width_GND 优先级是一样的，它们两个都比 Width_All 要高，所以 VCC 和 GND 以 Width_VCC 和 Width_GND 规则为准。

点击 PCB Rules and Constraints Editor 对话框左下角的 Priorities 按钮进入 Edit Rules Priorities(编辑规则优先级)对话框，如图 7-27 所示。通过对话框下面的 Decrease Priority 与 Increase Priority 按钮可以改变布线规则中的优先次序。新添加的规则系统默认的优先级要高。

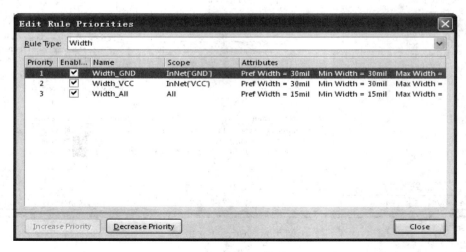

图 7-27 线宽规则优先级对话框

2) Routing Topology(布线拓扑)

该子规则用于设置同一网络内各节点间的连接方式，设置窗口如图 7-28 所示。在 Constraints 区域内，单击 Topology 下拉按钮，即可选择相应的拓扑结构。系统提供了 7 种拓扑结构，默认为 Shortest。

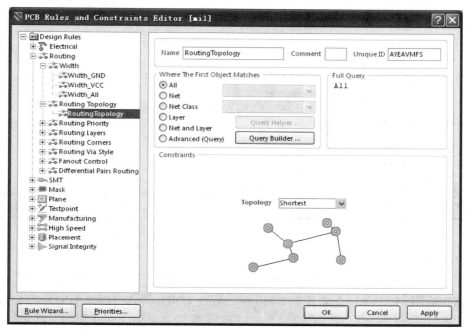

图 7-28　Routing Topology 规则设置对话框

各种拓扑结构的意义如下：

Shortest：最短方式。该方式指定各网络节点间的连线长度最短。

Horizontal：水平方式。该方式指定优先连接水平方向的节点。

Vertical：垂直方式。该方式指定优先连接垂直方向的节点。

Daisy-Simple：简单链状方式。该方式指定使用链式联通法则，将相同网络内所有的节点连接成一串，且连线总长度最短。

Daisy-MidDriven：中间扩散链状方式。该方式与简单链状方式类似，但它是在网络中找到一个中间源点，然后分别向两端链接扩展。

Daisy-Balanced：平衡扩散链状方式。该方式也是以源点为起点向两端链接扩展，但它能保证两端的节点数基本相同。

Starburst：星形扩散方式。该方式以源点为中心，分别向其他节点单独连接。

3) Routing Priority(布线优先级)

该子规则用于设置网络的布线顺序，优先级高的先布线，优先级低的后布线。系统提供了 101 个优先级，数字 0 代表优先级最低，数字 100 则代表优先级最高。

例如在该规则中设置先布 GND 网络。先添加一个新规则 RoutingPriority_GND，再选择网络 GND，在 Constraints 区域内，在 RoutingPriority 设置框中设为 1。单击 Apply 按钮即可完成设置。如图 7-29 所示。

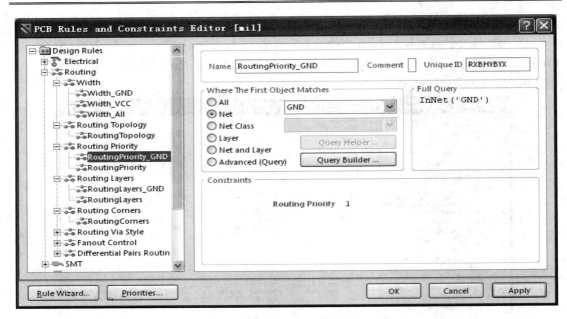

图 7-29　设置 GND 网络优先级

4) Routing Layers(布线工作层)

　　该子规则用于设置哪些对象允许在哪些信号层里布线。例如在该规则中设置 GND 网络只能布在底层。先添加一个新规则 Routing Layers_GND，再选择网络 GND，在 Constraints 区域内，去掉 Top Layer 层允许布线的"√"符号，保留 Bottom Layer 层的允许布线的"√"符号。单击 Apply 按钮即可完成设置，如图 7-30 所示。

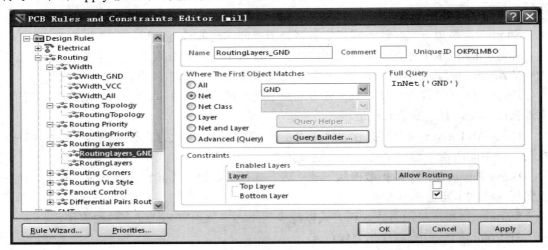

图 7-30　设置 GND 网络布线层

5) Routing Corners(布线拐角模式)

　　该子规则用于设置布线时拐角的类型和尺寸。拐角类型有 45 Degrees、90Degrees 和 Rounded 三种，系统默认是 45 Degrees，如图 7-31 所示。在实际应用中，一般都采用 45 Degrees 类型，对信号要求高的采用 Rounded 类型。

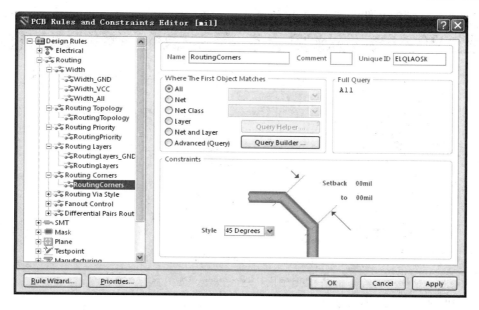

图 7-31 Routing Corners 规则设置对话框

6) Routing Via Style(布线过孔类型)

该子规则用于设置布线时放置过孔的尺寸。在如图 7-32 所示的 Constraints 区域内，可以设置 Via Diameter(过孔直径)和 Via Hole Size(过孔孔径大小)两个参数。设置时需要注意，两个参数的大小不能相差太小，否则将不易于制版加工，一般差值在 10 mil 以上为宜。

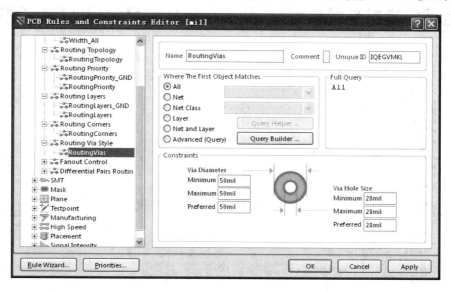

图 7-32 Routing Via Style 规则设置对话框

7) Fanout Control(布线扇形控制)

该子规则用于设置布线时扇形输出方式。扇形输出是将贴片式元件的焊盘通过走线引出并在导线末端添加过孔，使其可以在其他层面上继续布线。如图 7-33 所示，系统提供了多种对应不同封装的元件的扇形输出方式。

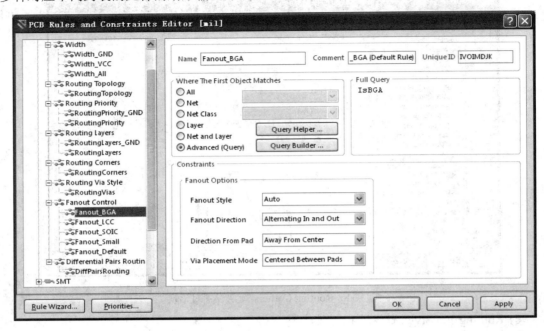

图 7-33　Fanout Control 规则设置对话框

8) Differential Pairs Routing(布线对设计)

该子规则用于设置一组差分对的参数，如图 7-34 所示。

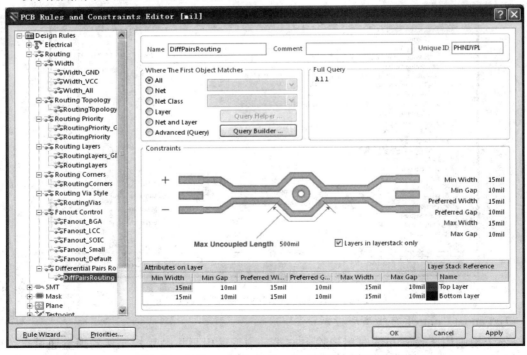

图 7-34　Differential Pairs Routing 规则设置对话框

7.4.3　自动布线

自动布线就是根据用户设定的有关布线规则，依照一定的算法，自动在各个元件之间进行连接导线，实现 PCB 各个对象的电气连接。

执行菜单命令 Auto Route >> All，系统将弹出 Situs Routing Strategies(状态布线策略)，如图 7-35 所示。在该对话框的 Routing Setup Report 区域用于对布线规则的设置和对受影响的对象进行汇总报告。Routing Strategy 区域用于选择可用的布线策略或编辑新的布线策略。系统默认提供了 5 种布线策略，其中 Default 2 Layer Board(普通双面板默认的布线策略)和 Default 2 Layer With Edge Connectors(边缘有接插件的双面板默认布线策略)是用于双面板的布线策略。

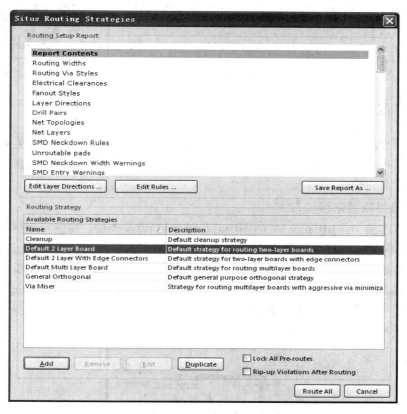

图 7-35　Situs Routing Strategies 对话框

选择 Default 2 Layer Board 策略，然后单击 Route All 按钮，系统开始自动布线。在自动布线的过程中将弹出 Messages 面板，显示布线的状态信息，如图 7-36 所示。全局自动布线后的电路如图 7-37 所示。

除了 Route All 命令外，在 Auto Route 菜单中还提供了多个局部布线命令，如对选定的网络进行自动布线、对指定元件布线、对指定区域进行布线等。读者可以分别尝试一下，这里不再详述。

对自动布线不满意可以通过执行 Tools >> Un-Route 下的命令来删除布线，再执行菜单命令 Auto Route 下的命令重新布线。通过这种方式还是达不到设计要求的，就要利用手工布线进行调整。手工布线的具体操作在下一节中介绍。

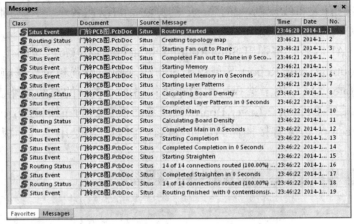

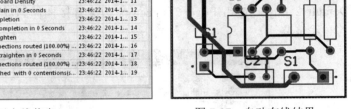

图 7-36 信息窗口显示布线信息   图 7-37 自动布线结果

7.4.4 手工布线

自动布线会出现一些不合理的布线情况，例如有较多的绕线、走线不美观等。此时，可以通过手工布线进行一定的修正，也可以完全采用手工布线。下面介绍利用手工布线对自动布线图修正的操作。

1. 利用鼠标拖拽来移动布线

比如以图 7-37 中的电源线 VCC(图中红色的粗线)调整为例，将鼠标移到导线上，按住鼠标左键，此时光标变成中心带有小圆圈的十字光标，移动导线到合适的位置，松开鼠标，完成导线的移动。还有一种方式是鼠标左键单击要移动的导线段，此时导线上出现白色半透明的框，再按住左键移动导线到合适位置。采用上述方式和执行菜单命令 Edit >> Move >> Drag 的效果是一样的，另外菜单命令 Edit >> Move 下还提供了其他的移动操作命令。如图 7-38 所示为调整好 VCC 的布线。

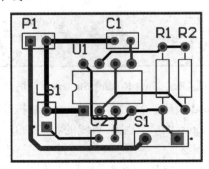

图 7-38 手工调整 VCC 布线

2. 删除不合理的布线，重新布线

删除布线可以执行菜单 Tools >> Un-Route 下的命令删除布线，也可以用鼠标单击左键，

再按 Delete 键一段一段的删除。

(1) 在图 7-38 上删除两个不合理的网络布线。执行 Tools >> Un-Route >> Net 命令，此时光标变成十字光标，点击要删除的布线网络(比如单击对应网络的导线或者焊盘等)，可以继续点击删除布线网络，按鼠标右键完成删除，如图 7-39 所示。

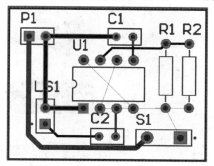

图 7-39　删除两个不合理的布线网络

(2) 执行 Place >> Interactive Routing 命令(或者选择 Wiring 工具栏上的 图标)，光标变成十字形。移动光标到一个焊盘上，然后单击左键放置布线的起点，多次单击左键确定多个不同的控制点，完成两个焊盘之间的布线。分别在顶层和底层布两个删除的网络，重新布线完成后如图 7-40 所示。

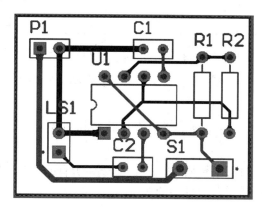

图 7-40　重新布线完成

3. 手工布线中层的切换

在进行交互式布线时，按"∗"或者"+"快捷键可以在不同的信号层之间切换，这样可以完成不同层之间的走线。而且系统将自动地为其添加一个过孔。如果笔记本键盘上不能按"∗"或者"+"键，可以通过弹出快捷菜单用鼠标选择。方法如下：执行菜单命令 Place >> Interactive Routing，选择布线起点，按键盘上"·"键(键盘左上角 Esc 下面)，在弹出的快捷键选择菜单中选择 Next Layer，即在布线线上出现一个过孔，放置好过孔布线就进入下一层。这种方式可以用来查询在任何操作下有关的快捷键。

7.4.5　补泪滴

在电路板设计中，为了让焊盘更坚固，防止机械制板时焊盘与导线之间断开，常在焊盘和导线连接处用铜膜布置一个过渡区，形状像泪滴，故常称做补泪滴(Teardrops)。

执行菜单命令 Tools >> Teardrops，系统将弹出如图 7-41 所示的 Teardrops 设置对话框。

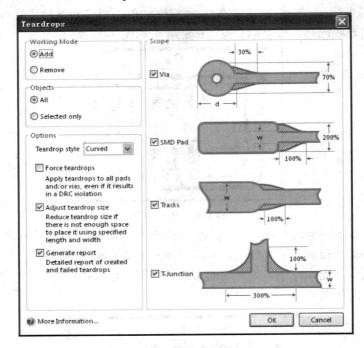

图 7-41　Teardrops 设置对话框

该对话框内有 4 个设置区域，分别是 Working Mode、Objects、Options、Scope 区域。

1. Working Mode

通过选择 Add 和 Remove 选项，可以添加和删除泪滴。

2. Objects

选择补泪滴的对象，可以选择 All 选项，表示选择所有的对象，也可以选择 Selected only 选项，表示选择在 Scope 区域内的打钩的对象

3. Options

· Teardrop style：选择泪滴类型。其下拉框中包括直线和弧线两种选项。

· Force teardrops：强制补泪滴。如果启用这个选项，即使和 DRC 有冲突，也会对所有导孔和 SMD 焊盘进行补泪滴。

· Adjust teardrop size：调整泪滴大小。如果启用这个选项，遇到适用的设计规则将自动调整大小。

· Generate report：生成报表。生成一个报表，内容是补泪滴成功和不成功的所有位置信息。

4. Scope

在区域中选择需要补泪滴的对象，对象有 Via，SMD Pad，Tracks，T-Junction，并且可以设置泪滴长度和宽度的百分比。

按默认值设置 Teardrops 属性，单击 OK 按钮即可完成补泪滴，补泪滴后的局部图如图 7-42 所示。

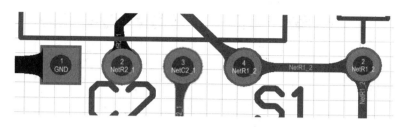

图 7-42　补泪滴后的局部图

注意：上面介绍了基于区域的补泪滴，在 Altium Designer 14.3 以前版本的补泪滴是利用导线和弧线来一段一段的添加创建。如果需要这种老风格的，可以通过执行 Tools>> Legacy Tools >> Legacy Teardrops 命令来添加和删除。设置对话框如图 7-43 所示。

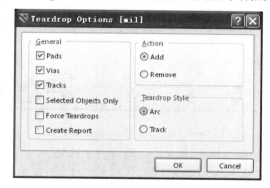

图 7-43　老风格的 Teardrops 设置对话框

7.4.6　覆铜

(1) 所谓覆铜，就是将印制电路板上闲置的空间作为基准面，然后用固体铜填充。在印制电路板上敷铜有以下作用：加粗电源网络的导线，使电源网络承载大电流；给电路中的高频单元放置敷铜区，吸收高频电磁波，以免干扰其它单元；整个线路板敷铜，可以提高抗干扰能力。

(2) 执行菜单命令 Place >> Polygon Pour(或者选择 Wiring 工具栏上的█图标)，系统将弹出 Polygon Pour 敷铜设置对话框，如图 7-44 所示。在该对话框中包含 Fill Mode、Properties 和 Net Options 三个区域的设置内容。

① Fill Mode：系统给出 3 种覆铜的填充方式。

- Solid：选中该单选按钮，表示敷铜区为实心铜区域。
- Hatched：选中该单选按钮，表示敷铜区为镂空铜区域。
- None：选中该单选按钮，表示只保留覆铜的边界，内部无填充。

② Properties：用于设定覆铜区域命名、覆铜工作层、最小图元的长度等。

③ Net Options：用于设置与覆铜有关的网络。

- Connect to Net：用于设置覆铜所要连接的网络，可以在下拉菜单中进行选择。

· **Remove Dead Copper**：用于设置是否去除死铜。所谓死铜，是指没有连接到网络上的封闭区域内的覆铜。

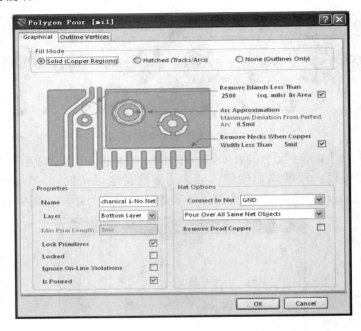

图 7-44　Polygon Pour 设置对话框

· 中间还有一个下拉菜单框，提供 3 个覆铜方式选项。

➢ **Don't Pour Over Same Net Objects**：选中该选项时，表示覆铜的内部填充不会覆盖具有相同网络名称的导线，并且只与网络的焊盘相连。

➢ **Pour Over All Same Net Objects**：选中该选项时，表示覆铜的内部填充将只覆盖具有相同网络名称的导线，并与同网络的所有图元相连，如焊盘、过孔等。

➢ **Pour Over Same Net Polygons Only**：选中该选项时，表示覆铜的内部填充将覆盖相同网络名称的多边形填充，不会覆盖具有相同网络名称的导线。

选择 Solid 填充方式，设置覆铜连接 GND 网络，覆铜方式为 Pour Over All Same Net Objects，其他按默认值设置。设置完成后，光标变成十字，在工作区内画出敷铜的区域(区域可以不闭合，软件会自动完成区域的闭合)，敷铜的效果如图 7-45 所示。

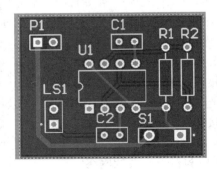

图 7-45　覆铜结果图

7.5 绘制 PCB 图实例

本节介绍如何绘制单片机系统例程工程中 PCB 图。读者把在第 3 章中创建的单片机系统例程工程打开，并准备好原理图(总电路图如图 7-46 所示)和相应的网络表(如图 7-47 所示的工程面板里的单片机系统例程总电路.NET)。

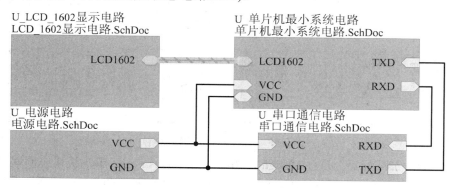

图 7-46 单片机系统例程总电路图

图 7-47 生成网络表单片机系统例程总电路.NET

1. 创建 PCB 文件

在单片机系统例程.PrjPcb 工程项目下，执行菜单命令 Files >> New >> PCB，新建一个 PCB 文件。再执行菜单命令 Files >> Save As，重名为单片机系统例程 PCB.PcbDoc。

2. 装入元件封装库及网络表

在设计过程中需要在下列 5 个元件集成库中调用元件封装。这 5 个元件集成库分别是 Miscellaneous Devices.IntLib、Miscellaneous Connectors.IntLib、ST Power Mgt Voltage Regulator.IntLib、Maxim Communication Transceiver.IntLib 和 Atmel Microcontroller 8-Bit megaAVR.IntLib。在 Libraries 面板中加载这个 5 元件集成库，如图 7-48 所示。

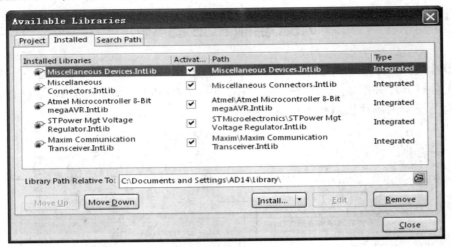

图 7-48　加载 5 个元件集成库

　　元件集成库加载好后，执行 Design >> Import Changes From 单片机系统例程.PrjPcb 命令，在弹出的 Engineering Change Order 对话框中单击 Execute Changes 按钮，系统将完成网络表的导入，最后单击 Close 按钮。如图 7-49 所示，元件按 4 个电路模块放置，每个电路模块的元件放置在相应的 Room 中，利用 Room 将整体移动到 PCB 上。

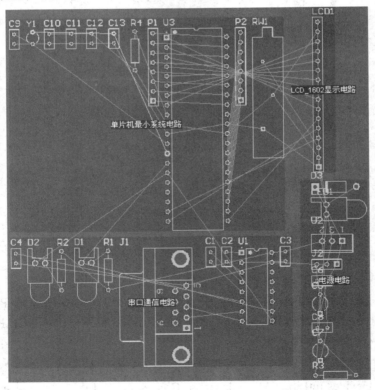

图 7-49　导入网络表和元件封装

3. 元件布局

采用手工布局的方式完成元件的布局，布局后的效果如图 7-50 所示。

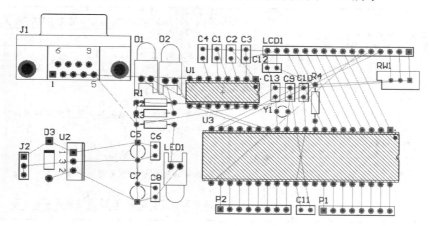

图 7-50　元件布局结果

4. 规划印刷电路板

(1) 执行菜单命令 Design >> Layer Stack Manager，系统将弹出如图 7-51 所示的 Layer Stack Manager(板层堆栈管理器)对话框。在该对话框中点击 Presets 按钮，在弹出的下拉选项中选择 Two Layer 设置板层的结构和叠放方式为双面板设计。

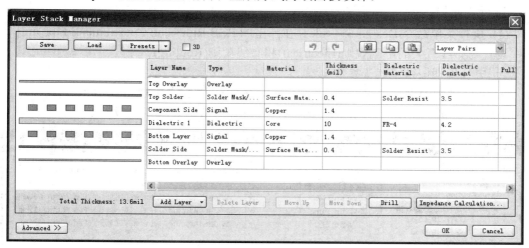

图 7-51　Layer Stack Manager(板层堆栈管理器)对话框

(2) 在 PCB 编辑区的下边标签中单击 Mechanical1 选项，选择当前工作层为 Mechanical1，然后执行 Place >> Line 绘图命令来绘制电路板的物理大小。

(3) 将 PCB 编辑区的当前工作层切换为 Keep-Out Layer，即在 PCB 编辑器区的下方标签栏中单击 Keep-Out Layer。 然后执行 Place >> Line 和 Place >> Arc 等绘图命令在板卡物理边界内绘制一个封闭图形即可。如图 7-52 所示，大的矩形框是物理大小边界，小的框是电气布线边界。注意禁止布线区一定是小于或等于物理大小，另外在实际设计中往往不绘制物理大小，直接绘制禁止布线区，这时物理大小就等于禁止布线区。

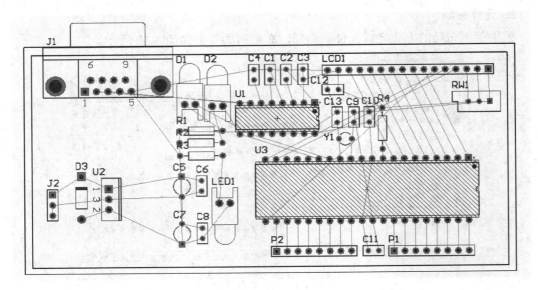

图 7-52 设置好电路板物理大小和电气边界

(4) 调制电路板形状和大小，先选中上述图 7-52 中的所有对象(包括物理大小的绘制线)，再执行菜单命令 Design >> Board Shape >> Define From Selected Objects，即可完成电路板形状和大小的规划。

5. 元件布线

(1) 执行菜单命令 Design >> Rules，在弹出的 PCB Rules and Constraints Editor[mil]对话框中设置与布线有关的电气规则(Electrical)和布线规则(Routing)。

- 电气规则按系统默认参数设置。
- 布线规则中设置一般信号线为 15 mil，电源线和地线为 30 mil，NetC5_1 为 30 mil。其中 NetC5_1 就是外输入电源的输入引脚，设置好的结果如图 7-53 所示。

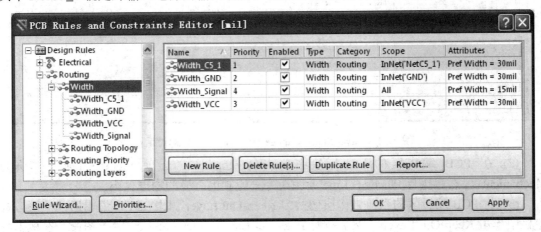

图 7-53 设置好相应的线宽

(2) 自动布线，执行菜单命令 Auto Route >> All，在弹出的 Situs Routing Strategies(状态布线策略)对话框中单击 Route All 按钮开始布线，最后得到的布线结果如图 7-54 所示。

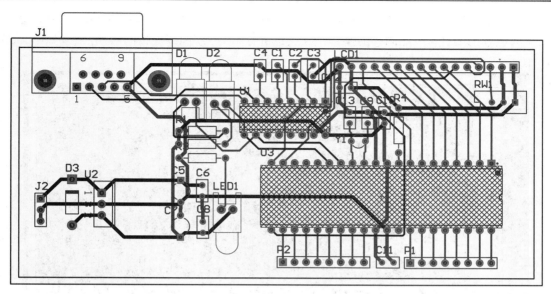

图 7-54 自动布线结果

(3) 手工布线，根据自动布线结果如图 7-54 所示，有些布局不够合理，有些走线不够美观。通过手工修整元件的布局和走线，得到的布线结果如图 7-55 所示。

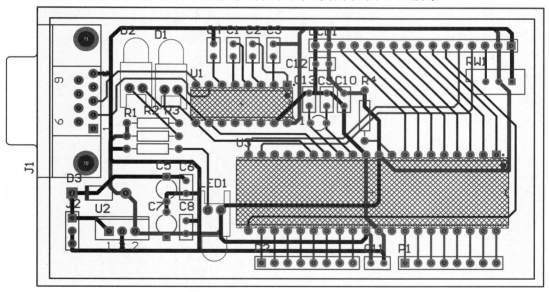

图 7-55 手工调整布线结果

6. 补泪滴和覆铜

执行菜单命令 Tools >> Teardrops，在弹出的 Teardrops 设置对话框中确认默认设置参数，先对所有的焊盘补泪滴。

执行菜单命令 Place >> Polygon Pour(或者选择 Wiring 工具栏上的 ▨ 图标)，在弹出的 Polygon Pour 敷铜设置对话框中选择 Solid 填充方式，选择层面为 Bottom Layer(底层)，设置覆铜连接 GND 网络，覆铜方式为 Pour Over All Same Net Objects，其他按默认值设置。

设置完成后，光标变成十字，在底层工作区内画出敷铜的区域(区域可以不闭合，软件会自动完成区域的闭合)。按照同样的操作在顶层也进行和 GND 网络连接的敷铜，效果如图 7-56所示。

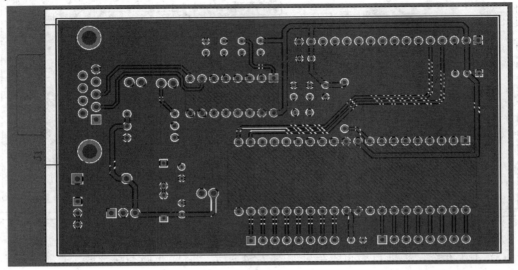

图 7-56　覆铜结果

第 8 章　PCB 报表输出

PCB 报表是了解印刷电路板详细信息的重要资料。设计者完成了 PCB 设计，想要产生输出文件来审查、制造和组装 PCB。Altium Designer 14 系统为此提供了众多各种用途输出文件的功能。下面将以第 7 章设计的门铃 PCB 为例来介绍各类 PCB 报表的生产方法。

8.1　PCB 报表输出

PCB 报表是为方便用户管理和制作生产 PCB 而建立的，PCB 的详细信息可以记录在不同报表中。如果想要了解 PCB 的详细信息，可以通过建立 PCB 信息报告并输出这些信息。

1. 生产电路板信息表

电路板信息表为设计人员提供了一个电路板的完整信息，其包括电路板的尺寸大小，电路板上的焊盘、过孔的数量以及元件标号等信息。下面介绍生成电路板信息报表的具体步骤：

(1) 执行菜单命令 Reports >> Board Information，系统将弹出如图 8-1 所示的 PCB Information 对话框，该对话框包含 3 个选项标签，具体介绍如下：

 • General(通用)选项标签，如图 8-1 所示。该选项标签说明了该 PCB 图的大小，PCB 图中各种图件的数量，钻孔数目以及有无违反设计规则等。

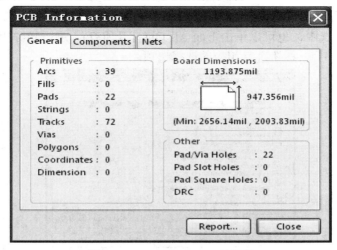

图 8-1　PCB Information 对话框

- Components(元件)选项标签，如图 8-2 所示。该选项标签列出了 PCB 中所有元件的序号以及所在的层。

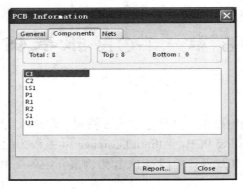

图 8-2　Components(元件)选项标签

- Nets(网络)选项标签，如图 8-3 所示。该选项标签列出了 PCB 中所有网络名称和数量。单击 PwrGnd 按钮，即可显示内部板层的网络信息。

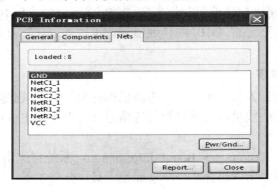

图 8-3　Nets(网络)选项标签

(2) 在任何一个选项标签中单击 Report 按钮，系统将弹出 Board Report 对话框，如图 8-4 所示。设计者可以在该对话框中选择要生成文字报表的电路板信息选项。可以将每一个选项前面的复选框选中，也可以单击下面 All On(打开所有)、All Off(关闭所有)和 Selected objects only(仅选择对象)按钮进行相应的选择选项。

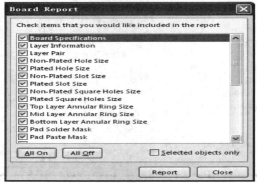

图 8-4　Board Report 对话框

（3）选择好要生成的对象信息后，单击 Report 按钮，系统将自动生成并打开"*.html"文件，如图 8-5 所示。而且系统也会把报表文件自动加入在工程项目的生成文件夹中。

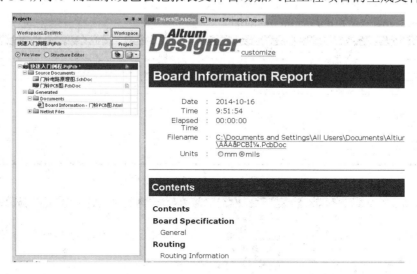

图 8-5　电路板信息报表

2. 生产元件报表

元件报表可以用来整理一个电路或工程中的元件，生成一个元件列表，给设计者提供材料信息，据此元件清单报表文件，即可采购相应的元器件。

执行菜单命令 Reports >> Bill of Materials，系统将弹出如图 8-6 所示的 Bill of Materials For PCB Document 对话框。单击左下角的 Menu 按钮，在弹出的的菜单中选择执行 Report 命令，即可打开 Report Preview 对话框，如图 8-7 所示。

图 8-6　Bill of Materials For PCB Document 对话框

在 Report Preview 对话框中单击 Export 按钮，即可以保存该报表，默认为 Excel 格式的。也可以在如图 8-8 所示的 Bill of Materials For PCB Document 对话框中单击 Export 按钮实现保存报表。

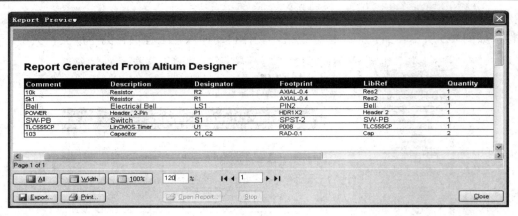

图 8-7 Report Preview 对话框

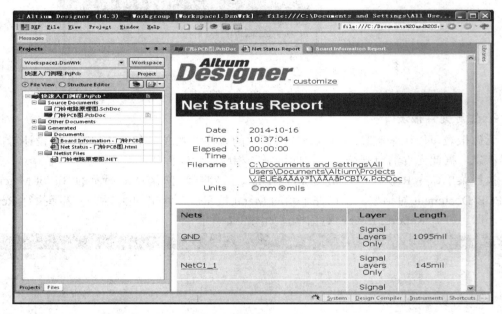

图 8-8 网络状态报表

3. 生成网络状态报表

网络状态报表用于给出 PCB 中各网络所在的工作层面及每一网络中的导线总长度。执行菜单命令 Reports >> Netlist Status，系统将自动生成并打开网络状态报表，如图 8-8 所示。而且系统也会把报表文件自动加入在工程项目的生成文件夹中。

4. 距离测量报表

系统提供了电路板上测量距离的工具，方便设计 PCB 板的检查。在菜单命令 Reports 下提供了 3 种测量，下面分别作介绍。

1) 测量电路板上两点间的距离

执行菜单命令 Reports >> Measure Distance，光标将变成十字形，单击确定起点和终点的位置。系统将弹出如图 8-9 所示的测量结果。这种方式可以测量电路板上任意两点间的距离。

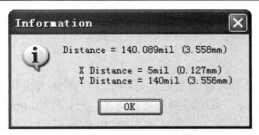

图 8-9 两点间测量结果

2) 测量电路板上对象间的距离

这种方式是测量两个对象间的距离，对象是指焊盘、导线、过孔和文字标注。

执行菜单命令 Reports >> Measure Primitives，单击确定起点和终点的位置，系统将弹出如图 8-10 所示的测量结果。这种方式可以测量电路板上任意两对象间的距离。

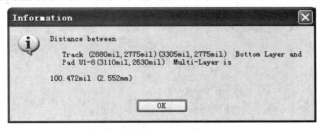

图 8-10 两对象间测量结果

3) 测量电路板上导线的长度

先选择要测量的导线，再执行菜单命令 Reports >> Measure Selected Objects，系统将弹出如图 8-11 所示的测量结果。

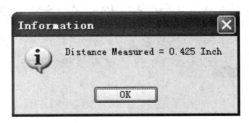

图 8-11 导线测量结果

5. 生成制造输出文件

电路板制造需要提供输出文件。作为设计者，一种方式是把 PCB 文件直接交给电路板生成厂商，由厂商根据他们的要求输出合适的文件。第二种方式是先咨询电路板制造商，根据他们的要求，提供用于制造的输出文件。在菜单命令 File >> Fabrication Outputs 下选择要输出的文件。

8.2 PCB 图打印

印刷电路板设计完成后，为了方便进行电路板制作以及焊接，往往需要将 PCB 图打印输出。Alitum Designer 14 为设计者提供了页面设置、打印预览和打印输出等功能，下面就具体介绍这些功能的实现方法。

1. 页面设置

在进行 PCB 图打印之前，首先要进行打印机型、纸张大小和电路图的基本设置。执行菜单命令 File >> Page Setup，系统将弹出如图 8-12 所示的 Composite Properties 对话框。在该对话框中单击 Advanced 按钮，系统将弹出 PCB Printout Properties 高级设置对话框，如图 8-13 所示。

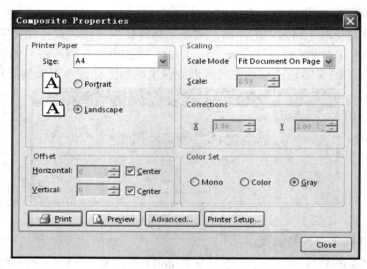

图 8-12　Composite Properties 对话框

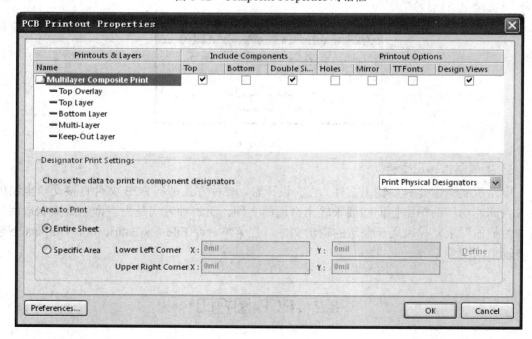

图 8-13　PCB Printout Properties 对话框

在如图 8-13 所示的 PCB Printout Properties 高级设置对话框中双击 Multilayer Composite Print 前的图标，系统将弹出 Printout Properties 对话框，如图 8-14 所示。在该对话框中不仅可以增加或者删除打印层，还可以选择打印的组件等。

图 8-14　Printout Properties 对话框

2. 打印预览

在 Composite Properties 对话框中单击 Preview 按钮，或者执行菜单命令 File >> Print Preview，就可以预览打印效果，如图 8-15 所示。

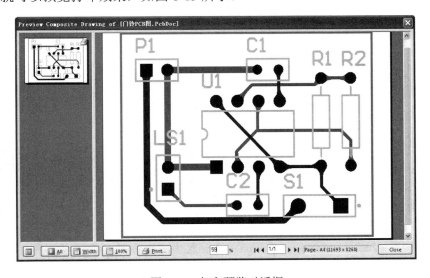

图 8-15　打印预览对话框

3. 打印输出

在如图 8-15 所示的打印预览对话框中单击 Print 按钮，或者执行菜单命令 File >> Print，系统将弹出如图 8-16 所示的 Printer Configuration for 对话框。在该对话框中，设计者可以设置打印机类型、打印范围、打印份数等参数，完成后单击 OK 按钮，就可以开始打印输出 PCB 图。

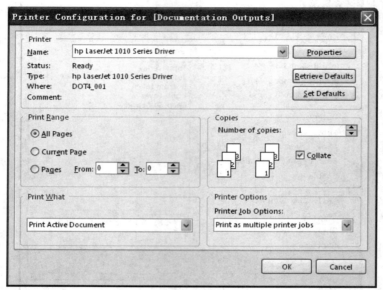

图 8-16　Printer Configuration for 对话框

第 9 章 创建元件集成库

Altium Designer 14 自带的元件库中包含了全世界众多厂商的多种元件，但是在实际的电路设计中，由于电子技术的不断更新，导致元件的种类和形式也在不断的更新，因此系统提供的元件库不可能完全包含工程项目所需要的元件。设计者可以利用 Altium Designer 14 提供的创建新元件的功能来创建个人的元件库。

9.1 集成库概述

Altium Designer 14 的集成库将原理图元器件和与其关联的 PCB 封装方式、SPICE 仿真模型以及信号完整性模型有机结合起来，并以一个不可编辑的形式存在。所有的模型信息都被复制到集成库内，存储在一起，而模型的源文件的存放可以任意。如果要修改集成库，需要先修改相应的源文件库，然后重新编译集成库以及更新集成库内相关的内容。

Altium Designer 14 集成库文件的扩展名为.INTLIB，这些库文件按照生产厂家的名字分类，存放于软件安装目录 Library 文件夹中。原理图元件库文件的扩展名为.SchLib，PCB元件封装库文件的扩展名为.PcbLib，这两个文件可以在打开集成库文件时被提取出来以供编辑。

使用集成库的优越之处就在于元器件的原理图符号、封装、仿真等信息已经通过集成库文件与元器件相关联，因此在原理图设计时加载了集成库后，在后续的电路仿真、印刷电路板设计时就不需要另外再加载相应的库，同时也为初学者提供了更多的方便。

9.2 新建元件集成库

新建元件集成库包括以下步骤：创建集成库工程、新建原理图元件库、新建 PCB 封装库和编译集成库。

1. 创建新的集成库工程

在系统菜单中选择 File >> New >> Project 命令，在弹出的 New Project 对话框中选择 Integrated Library 选项，并命名工程名为 My IntLib，如图 9-1 所示。

另外，设计者也可以在系统环境左侧的 Files 面板中的 New 区域选择 Blank Projecet(Library package)选项来新建元件集成库。

用户若需要重新命名工程名称，可通过选择 File >> Save Project As 命令来实现。也可以在 Project 面板中单击 Project 按钮，在弹出的菜单中选择 Save Project As 命令，或者用鼠标右键单击工程名，在弹出的菜单中选择 Save Project As 命令。

注意：给集成库工程取个好记的名字，可以方便以后的使用和更新。把个人创建的新元件都放在这个工程下面，不断去积累，方便以后设计调取，从而避免重复创建元件的工作。

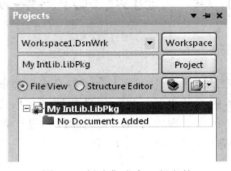

图 9-1　创建集成库工程文件

2. 新建原理图元件库

执行菜单命令 File >> New >> Library >> Schematic Library，系统将自动创建一个默认名为 Schlib1.SchLib 原理图元件库，并且自动打开。修改库名称的操作和第一步修改工程名称的操作一样。

新建原理图元件库也可以通过下面的方式来实现：在 Project 面板中单击 Project 按钮，在弹出的菜单中点击 Add New to Project 命令来选择 Schematic Library 选项，或者用鼠标右键单击工程名，在弹出的菜单中点击 Add New to Project 命令来选择 Schematic Library 选项。

3. 新建 PCB 元件封装库

创建 PCB 元件封装库的操作和创建原理图元件库的操作一样，只是选择的文件类型为 PCB Library。

上述两个库创建完成后，如图 9-2 所示。

图 9-2　新建好的元件库

4. 编译集成库

执行菜单命令 Project >> Compile Integrated Library 加集成库名 My IntLib.LibPkg，此

时系统将编译源库文件，错误和警告报告等信息将显示在 Messages 面板上。编译结束后，系统会生成一个新的同名集成库(.INTLIB)，并保存在工程选项对话框中的 Options 选项卡所指定的保存路径下，生成的集成库将被自动添加到 Libraries 面板上。

9.3　创建原理图元件

根据不同的情形，创建原理图元件分为创建一般元件和创建复合元件。创建一般元件可用两种方法：一种是绘制全新元件；另一种是对原有元器件编辑修改。下面结合实例来分别介绍创建新元件的方法。

9.3.1　创建全新的元件

下面以绘制一个如图 9-3 所示的四位一体的数码管为例，来详细介绍原理图元件的绘制过程。

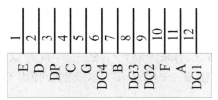

图 9-3　四位一体的共阳数码管

1. 新建元件

打开上一节创建的 My Schlib.SchLib 原理图元件库，执行菜单命令 Tools >> New Component，系统将弹出如图 9-4 所示 New Component Name(新元件命名)对话框，输入 DPY_8_4，点击 OK 按钮，在 SCHLibrary 面板中可以看到多了个 DPY_8_4 元件，如图 9-5 所示。也可以在 SCHLibrary 面板上，直接单击 Components 栏下面的 Add 按钮，系统也会弹出同样的 New Component Name(新元件命名)对话框。假如没有出现或者关掉 SCHLibrary 面板，可以通过执行菜单命令 View >> Workspace Panels >> SCH >> SCH Library 来打开，或者点击编辑区左下角的 SCH 标签，在弹出的菜单中单击 SCH Library 来打开。

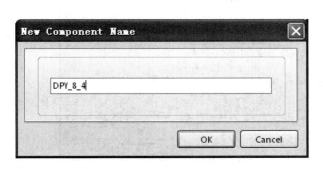

图 9-4　新元件命名

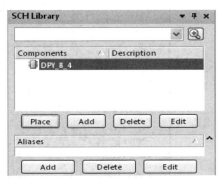

图 9-5　创建的新元件 DPY_8_4

2. 绘制元件符号

执行菜单命令 Place >> Rectangle，此时鼠标指针旁边会多出一个大十字符号，将大十字指针中心移动到坐标轴原点处(X：0，Y：0)，单击鼠标左键，把它定为直角矩形的左上角，移动鼠标指针到矩形的右下角，再单击鼠标左键，即可完成矩形的绘制。这里绘制矩形大小为 13 格×3 格，如图 9-6 所示。矩形的大小可以修改，只需要点击矩形让其出现控制点，用鼠标左键按住控制点拖动到合适的位置即可。

注意：所绘制的元件符号图形一定要靠近坐标原点，这样方便以后放置元件的操作。

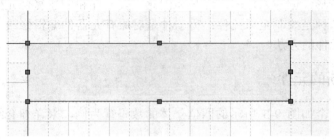

图 9-6　绘制元件符号

3. 放置引脚

执行菜单命令 Place >> Pin，来绘制元件的引脚。此时鼠标指针旁边会多出一个大十字符号及一条短线，这时按下键盘上的 Tab 键，系统就会弹出 Pin Properties(引脚属性)设置对话框，如图 9-7 所示。

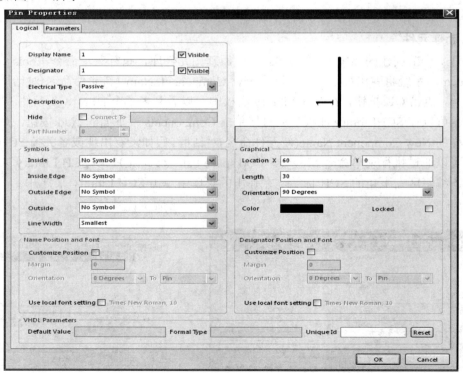

图 9-7　Pin Properties 对话框

在 Pin Properties 对话框中设计者可对放置的引脚进行设置。各操作框的含义如下：

- Display Name：用于对库元件引脚的命名，一般在该对话框中输入其引脚的功能名称。注意：如果输入引脚名上带有横线(如 $\overline{RST}$)，则输入时应在每个字母后面加反斜杠，表示形式为 "R\S\T\"。

- Designator：用于设置引脚的编号，其编号应该与实际的引脚编号相对应。

- Electrical Type：用于设置库元件引脚的电气特性。其下拉列表选项包括 Input(输入)、IO(输入输出)、Output(输出)、Open Collector(集电极开路输出)、Open Emitter(发射极输出)、Passive(不设置电气特性)、HiZ(高阻)和 Power(电源)等电气类型。

- Description：用于输入库元件引脚的描述属性。

- Hide 复选框：用于设置引脚是否隐藏。若选中该复选框则隐藏引脚。

- Symbols：在该操作框中可以分别设置引脚的输入输出符号，作为读图时的参考。其中：Inside 用来设置引脚在元件内部的表示符号；Inside Edge 用来设置引脚在元件内部的边框上的表示符号；Outside 用来设置引脚在元件外部的表示符号；Outside Edge 用来设置引脚在元件外部的边框上的表示符号。这些符号是标准的 IEEE 符号。

- Length：用来设置引脚的长度，但引脚的最小长度不得小于单个栅格的尺寸。

参考图 9-3 所示的引脚名和编号，完成放置 12 个引脚的放置。

注意：如果引脚名或其他标识符号被矩形符号盖住了，通过菜单命令可以调整叠放在一起的各对象的前后位置，即先执行菜单 Edit >> Move 下面的 Bring to Front 或者 Send to Back 等命令，再用十字光标单击要调整的对象。

4. 设置元件的属性

在元件库编辑管理器面板中选中该元件，然后单击 Edit 按钮，在弹出的如图 9-8 所示的 Library Component Properties(库元件属性)对话框中设置元件默认的流水号、注释以及其他相关描述。

- Default Designator：元件默认流水号为 DPY?。

- Default Comment：注释为 DPY_8_4。

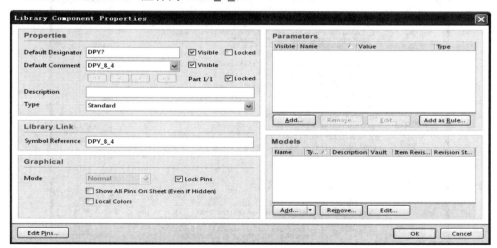

图 9-8 Library Component Properties 对话框

5. 保存原理图元件

保存原理图元件，完成四位一体的共阳数码管的绘制。

9.3.2 对原有的元件编辑修改

在实际应用中，经常遇到这样的情形，即所需要的元件符号与系统自带的元件库中的元件符号大同小异，这时就可以把元件库中的元件先复制过来，然后稍加编辑修改即可创建出所需的新元件。用这样的方法可以大大提高创建新元件的效率，起到事半功倍的效果。

下面以如图 9-9 所示的单片机 AT89C2051 为例来进行说明。

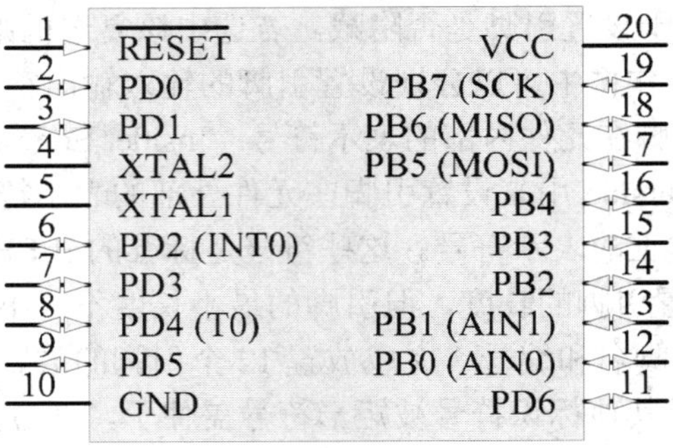

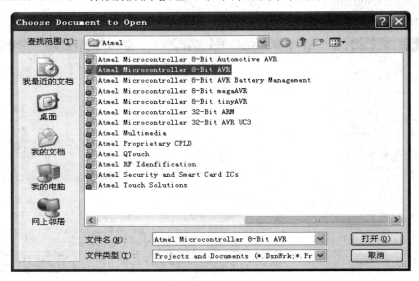

图 9-9　单片机 AT89C2051

1. 复制原有的元件

(1) 执行菜单命令 File >> Open，在系统自带的元件库路径下的 Atmel 文件夹中选择 Atmel Microcontroller 8-Bit AVR 集成库(如图 9-10 所示)并打开，系统将弹出如图 9-11 所示的 Ectract Sources or Install(释放或安装集成库)对话框，让用户确认要对集成库进行什么操作。点击 Extract Sources 释放集成库按钮，即可调出该库中的原理图库文件。

图 9-10　选择要复制元件所在的库

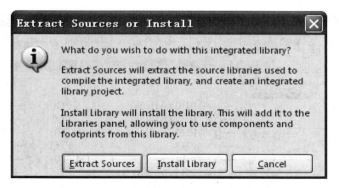

图 9-11　Ectract Sources or Install 对话框

　　(2) 在 Project 面板上双击 Atmel Microcontroller 8-Bit AVR.SchLib 文档图标，打开该元件库，系统进入元件库编辑器状态。在 SCH Library 面板元件区选择 AT90S1200-4PC 元件，如图 9-12 所示。复制该元件，准备粘贴到自建的元件库中。复制操作可以通过执行菜单命令 Tools >> Copy Component 来完成，或者先选择元件，再按 Ctrl + C 组合键来完成。

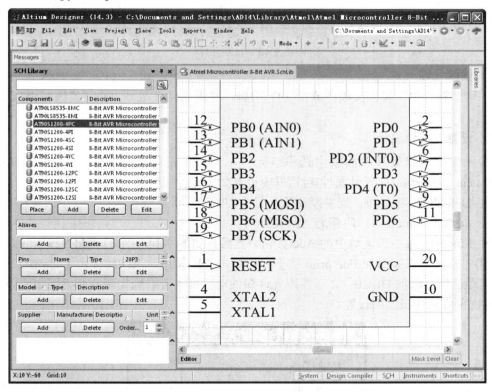

图 9-12　找到要复制的元件

2. 粘贴元件

　　在自建的库文件 My SchLib.SchLib 下，执行菜单命令 Tools >> New Component，新建一个元件，命名为 AT89C2051。按 Ctrl + V 快捷键，粘贴元件到 AT89C2051 元件的编辑区，如图 9-13 所示。

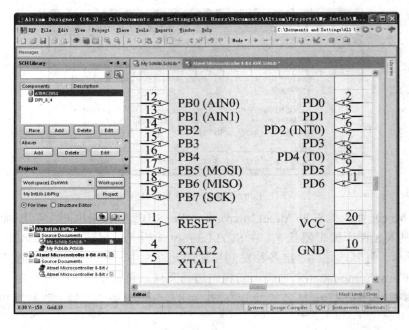

图 9-13　粘贴元件

3. 修改元件

在这个例子中，我们按顺序放置 I/O 引脚，并调整元件符号大小，修改结果如图 9-9 所示。

4. 设置元件的属性

在元件库编辑管理器面板中选中该元件，然后单击 Edit 按钮，在弹出的 Library Component Properties(库元件属性)对话框中设置如下元件属性：

- Default Designator：元件默认流水号为 U?。
- Default Comment：注释为 AT89C2051。
- Models：单击该区域中的 Add 按钮，然后在如图 9-14 所示的 Add New Model(添加新模型)对话框中选择添加 Footprint 类型，再单击 OK 按钮，系统将弹出 Footprint 模型属性设置对话框，添加 DIP20。之后在库元件属性对话框中可看到如图 9-15 所示的设置，按 OK 按钮完成元件属性的设置。

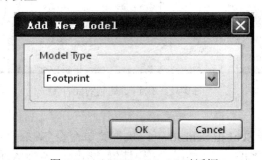

图 9-14　Add New Model 对话框

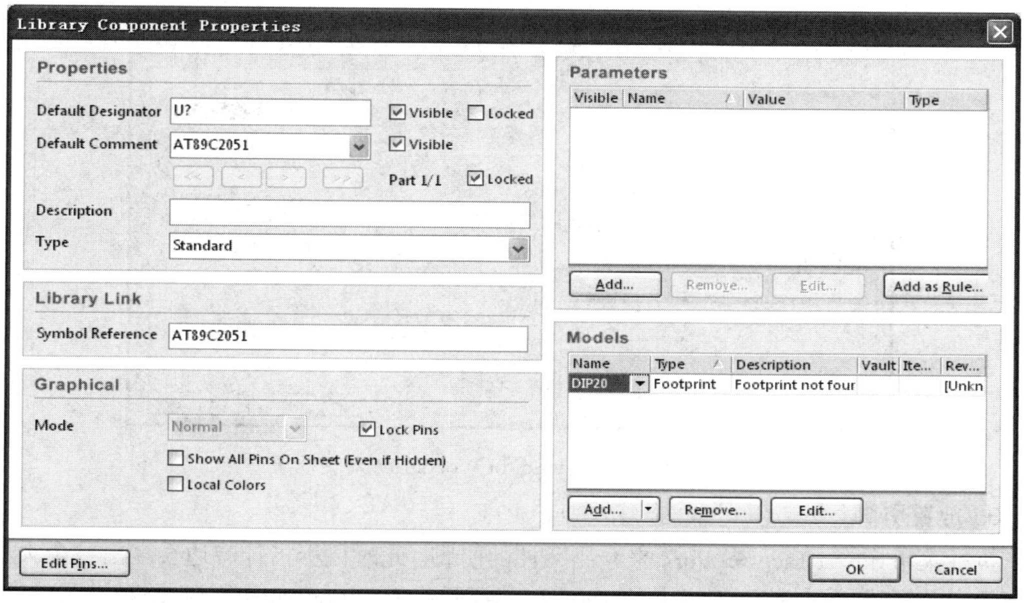

图 9-15　元件属性设置

5. 保存修改后的库文件

保存修改后的库文件，完成新元件的创建。

9.3.3　创建复合元件

有时一个集成电路会包含多个单元电路，比如 LM324 芯片集成了 4 个运算放大器。下面以 LM324 为例介绍这种多单元电路器件的制作。

1. 新建元件

打开之前创建的 My SchLib.SchLib 库文件，执行菜单命令 Tools >> New Component，在弹出的元件命名对话框中输入 LM324。

2. 绘制元件符号

执行菜单 Place >> Line 命令，绘制如图 9-16 所示的元件符号，并利用 Place >> Text String 命令来放置字符 1，用于表示这个元件符号是这个复合元件的第一个单元电路。

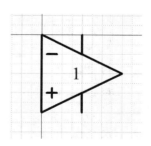

图 9-16　第一单元符号图

这个元件符号使用了 4×4 格，系统默认每个间隔为 10(新建元件时，系统默认采用的单位是 Dxp Defaults 的英制单位。如果需要调整单位在图 9-17 中 Units 标签下操作)。为了放置其中的 +、−和字符 1，需要调整栅格的尺寸。设置栅格尺寸的步骤：执行菜单命令 Tools >> Document Options(或者点击鼠标右键，在弹出的菜单中选择 Options >> Document Options 命令)，系统将弹出 Library Editor Workspace 对话框，如图 9-17 所示。在该对话框中将 Snap 文本框中的 10 改为 2.5，其他采用默认设置。

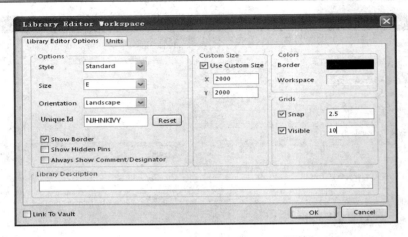

图 9-17　Library Editor Workspace 对话框

3. 放置引脚

执行菜单命令 Place >> Pin，来绘制元件的引脚。此时鼠标指针旁边会多出一个大十字符号及一条短线，这时按下键盘上的 Tab 键，就可弹出 Pin Properties(引脚属性)设置对话框，如图 9-18 所示。在该对话框中设置第一个引脚的信息：Display Name(引脚名字)为 Out，去掉 Visible 前的"√"符号表示不显示；Designator(引脚编号)为 1；Outside 设为 Left Right Signal Flow；Length(长度)改为 20。

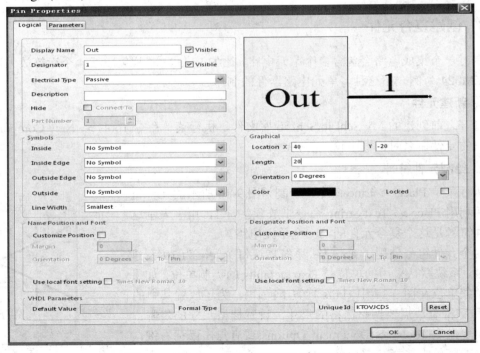

图 9-18　Pin Properties(引脚属性)设置对话框

依据表 9-1 提供的引脚属性参数，继续放置 2、3、4、11 引脚。放置完毕后效果如图 9-19 所示。

表 9-1　LM324 的引脚属性参考

Designator	Display Name	Outside	Designator	Display Name	Outside
1	Out	Left Right Signal Flow	8	Out	Left Right Signal Flow
2	In-	Right Left Signal Flow	9	In-	Right Left Signal Flow
3	In+	Right Left Signal Flow	10	In+	Right Left Signal Flow
4	V+	No symbol	11	V-	No symbol
5	In+	Right Left Signal Flow	12	In+	Right Left Signal Flow
6	In-	Right Left Signal Flow	13	In-	Right Left Signal Flow
7	Out	Left Right Signal Flow	14	Out	Left Right Signal Flow
其中所有引脚的 Length(长度)均设为 20，引脚名字均不显示(去掉它 Visible 前的 √)					

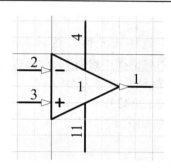

图 9-19　完成引脚放置

4. 创建第二个单元电路

(1) 复制第一个单元内容。执行 Edit >> Select >> All 命令，或者用鼠标选择第一个单元的全部内容，然后执行 Edit >> Copy 命令，将内容复制到粘贴板上。

(2) 新建单元电路。执行菜单命令 Tools >> New Part，此时在 SCH Library 面板 Components 栏会多出一个单元 PartB，如图 9-20 所示。

(3) 执行菜单命令 Edit >> Paste(或者按 Ctrl + V)，将第一单元完全复制过来，并将其放置到合适的位置。对元件符号和引脚进行设置，如图 9-21 所示。

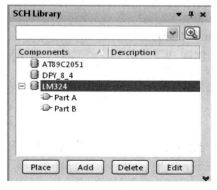

图 9-20　新建单元电路

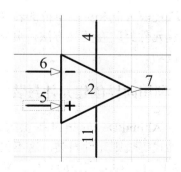

图 9-21　第二个单元电路

5. 创建第三个和第四个单元电路

重复制作第二个单元的步骤，创建第三个和第四个单元电路，分别如图 9-22 和 9-23 所示。

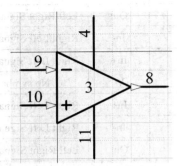

图 9-22　第三个单元电路

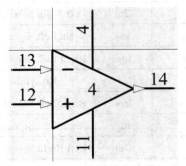

图 9-23　第四个单元电路

6. 设置元件的属性

在元件库编辑管理器面板中选中该元件，然后单击 Edit 按钮，在弹出的 Library Component Properties(库元件属性)对话框中设置如下元件属性：

- Default Designator：元件默认流水号为 U?。
- Default Comment：注释为 LM423。
- Models：添加 Footprint 为 DIP14。

7. 保存库文件

保存库文件，完成复合元件的创建。

9.4　创建元件封装

元件封装只是元件的外形和焊盘位置，仅仅是空间的概念，因此，在制作元件封装时只需关注元件的外观轮廓和焊盘而不是其他。在开始制作封装之前，需要收集的资料主要包括该元件的封装信息。这个工作往往和收集原理图元件同时进行，因为用户手册一般都有元件的封装信息，当然上网查询也可以。如果用以上方法仍找不到元器件的封装信息，只能先买回元器件，通过游标卡尺测量得到其尺寸。

再次提醒公制和英制单位的转换关系是：1 in = 1000 mil = 2.54 cm。

创建元件封装有两种方法，分别是利用向导创建和手工创建。下面结合实例介绍设计过程和技巧。

9.4.1　利用向导创建元件封装

利用 Altium Designer 14 提供的 PCB 封装向导工具，可以方便快速地绘制电阻、电容、双列直插式等规则元件封装，这不仅大大提高了设计 PCB 的效率，而且准确可靠。本节以 DIP20 为例介绍如何利用向导创建新的元件封装。

具体操作步骤如下：

(1) 打开在 9.2 节中创建的 My Pcblib.PcbLib 元件封装库。

(2) 执行菜单命令 Tools >> Component Wizard，系统将打开 PCB Component Wizard(封装方式向导)对话框，如图 9-24 所示。

(3) 单击 Next 按钮进入下一步，出现如图 9-25 所示的 Component patterns(元件封装种类)对话框。在对话框中列出了 12 种元器件封装类型。同时也可以在对话框中选择度量单位，即 Imperial(英制)(mil)和 Metric(公制)(mm)。系统默认设置为英制。本例选择 DIP 封装类型，单位采用默认的单位。

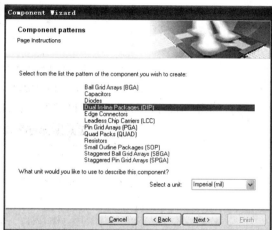

图 9-24　PCB Component Wizard(封装方式向导)对话框　　图 9-25　Component patterns(元件封装种类)对话框

(4) 单击 Next 按钮，进入焊盘尺寸设置对话框。选中尺寸标注文字，文字进入编辑状态，键入数值即可修改。本例修改后如图 9-26 所示。

(5) 单击 Next 按钮，进入焊盘间距设置对话框，在尺寸标注文字处输入数值进行修改。本例修改后如图 9-27 所示。

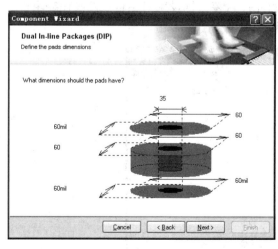

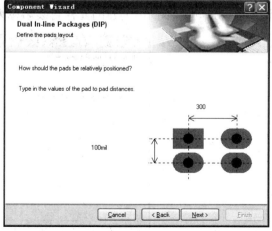

图 9-26　设置焊盘尺寸　　　　　　　　　图 9-27　设置焊盘间距

(6) 单击 Next 按钮，进入如图 9-28 所示的元件封装轮廓线宽度设置对话框，此处不改动，采用默认值。

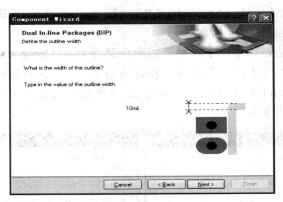

图 9-28　轮廓线宽度设置对话框

(7) 单击 Next 按钮，进入如图 9-29 所示的焊盘数量设置对话框。本例调整焊盘数量为 20。

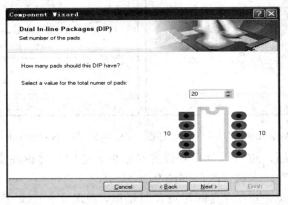

图 9-29　设置焊盘数量

(8) 单击 Next 按钮，进入如图 9-30 所示的元件封装名称设置对话框，直接在编辑框中键入名称即可。本例中创建的元件封装名称为 DIP20。

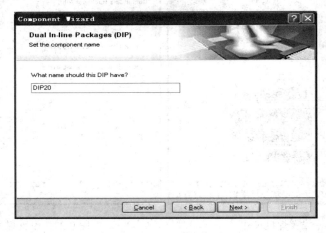

图 9-30　元件封装命名

(9) 单击 Next 按钮，系统弹出如图 9-31 所示的对话框，单击 Finsh 按钮，完成新元件封装的创建，结果如图 9-32 所示。

图 9-31　元件封装设置完成

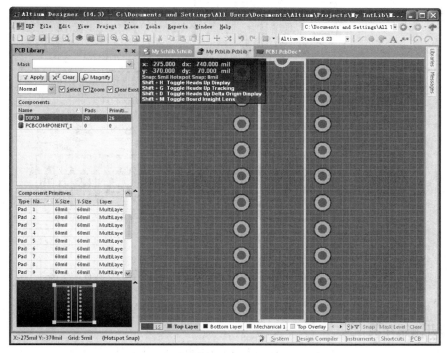

图 9-32　完成的 DIP20 封装

9.4.2　手工创建元件封装

手工制作元件封装实际上就是利用 Altium Designer 14 提供的绘图工具，按照实际的尺寸绘制出该元件封装。本节以 0.56 in 的四位一体的数码管为例，详细介绍如何利用手工制作方法创建新的元器件封装。

1. 收集资料

0.56 in 的四位一体的数码管的相关外形、尺寸和电路原理图分别如图 9-33、图 9-34、图 9-35 所示。

图 9-33　0.56 in 的四位一体的数码管外形

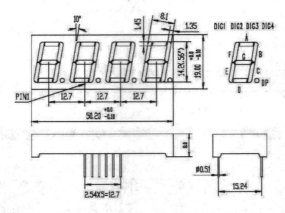

图 9-34　0.56 in 的四位一体的数码管规格尺寸

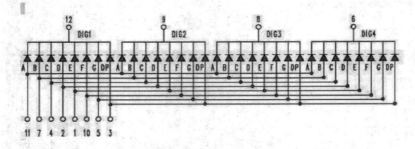

1、2、3、4、5、7、10、11 为段选，6、8、9、12 为四个数码管的位选。

图 9-35　0.56 in 的四位一体的数码管电路原理图

2. 打开编辑环境

打开在 9.2 节中创建的 My Pcblib.PcbLib 元件封装库，执行菜单命令 Tools >> New Black Component，即打开了一个默认名为 PCBCOMPONENT_1 的元件封装编辑环境。

3. 设置单位

在元件封装编辑区中，单击鼠标右键，在弹出的菜单中执行 Library Options 命令或者执行菜单命令 Tools >> Library Options，系统弹出如图 9-36 所示的对话框。在该对话框中设置单位为公制。

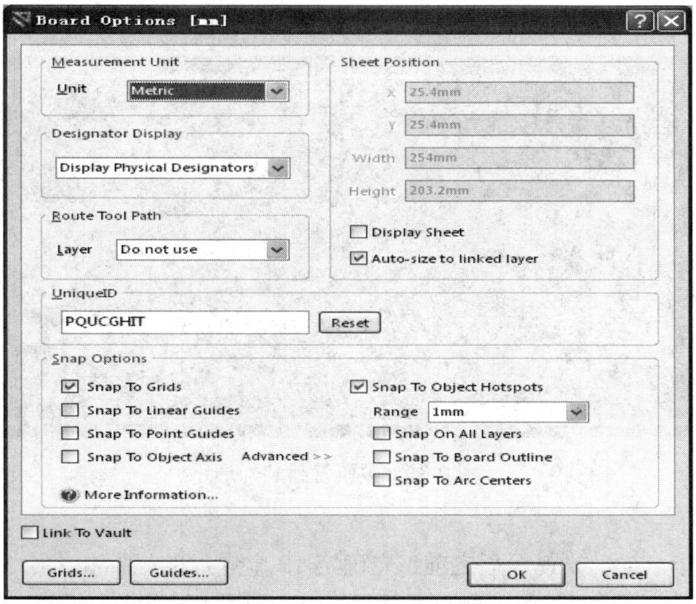

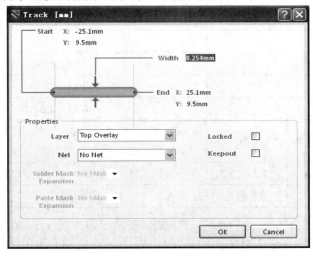

图 9-36 Board Options 对话框

4. 绘制外形轮廓

绘制外形图时需通过坐标点的方式准确定位。首先设置原点的位置，比如在这个例子里，原点设在封装外形的正中心点。根据数码管尺寸参数，确定 4 个角的坐标，再以这 4 个坐标分别作为直线的起始点。4 个角度坐标分别为：（−25.1，9.5），（25.1，9.5），（−25.1，−9.5），（−25.1，−9.5）。注意在实际确定坐标时可以比参数值稍大一点，但是绝对不能比它小。

(1) 点击编辑区下面的 Top overlay 标签，切换当前层为顶层丝印层。

(2) 执行 Place >> Line 命令，按 Tab 键，在弹出的 Track 属性对话框中设置直线的起始点坐标，如图 9-37 所示。按照相同的方式，绘制其他的直线。

图 9-37 用坐标确定线长和位置

(3) 对外形做一些修饰，比如画 4 个 "8"。完成的外形效果如图 9-38 所示。

图 9-38　数码管封装外形

5. 放置焊盘

和上一步操作一样，放置焊盘之前，先确定 12 个焊盘的坐标和大小。根据数码管尺寸大小和电路原理图，确定 12 个焊盘的信息如表 9-2 所示。

表 9-2　焊 盘 信 息 表

焊盘编号		坐 标
1		(−6.35，−7.62)
2		(−3.81，−7.62)
3		(−1.27，−7.62)
4		(1.27，−7.62)
5		(3.81，−7.62)
6		(6.35，−7.62)
7		(6.35，7.62)
8		(3.81，7.62)
9		(1.27，7.62)
10		(−1.27，7.62)
11		(−3.81，7.62)
12		(−6.35，7.62)
焊盘孔径/mm	0.76	取值要比引脚的直径要大一些,因为生成焊盘时内壁会覆铜，或者生成工艺因素导致孔径变小
焊盘大小/mm	15.2，15.2	一般取孔径 1.5 倍以上，以提高焊盘机械性能
焊盘形状	1 号焊盘为方形，表示开始引脚，其他焊盘为圆	

(1) 执行菜单命令 Place >> Pad，按 Tab 键，在弹出的如图 9-39 所示的焊盘属性对话框中设置 Hole Size 为 0.76mm；Designator 为 1；Size and Shape 区域中 X-Size 和 Y-Size 都为 1.524 mm，Shape 为 Rectangular。

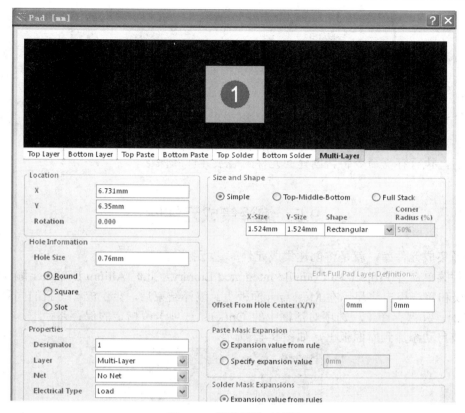

图 9-39　焊盘属性对话框

(2) 按照上一步的操作，在编辑区上放置 12 个焊盘。

(3) 用鼠标双击每一个焊盘，在如图 9-39 所示的焊盘属性对话框中设置 Location 区域中 X、Y 的值，即焊盘的坐标。注意，设置后不能用鼠标拖动或移动，不然要重新设置。放置好的焊盘如图 9-40 所示。

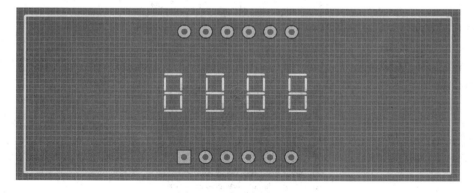

图 9-40　完成焊盘放置

6. 重命名与存盘

执行菜单命令 Tools >> Component Properties，系统将弹出如图 9-41 所示的对话框。在 Name 中输入元件封装名称，单击 OK 按钮关闭对话框。本例元件封装名称为 DPY_8_4。

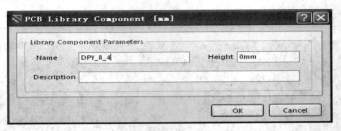

图 9-41 重命名

最后，执行存盘命令将新创建的元件封装及元件库保存。

9.5 编译集成元件库

编译集成元件库，就是将创建集成元件库进行打包封装。

执行菜单命令 Project >> Compile Integrated Library，此时 Altium Designer 编译源库文件，错误和警告报告将显示在 Messages 面板上。编译结束后，会生成一个新的同名集成库(.INTLIB)，并保存在工程选项对话框中的 Options 选项卡所指定的保存路径下，生成的集成库将被自动添加到库面板上，如图 9-42 所示。

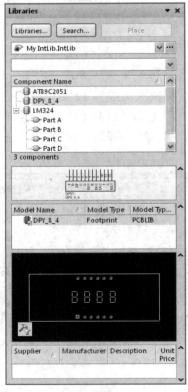

图 9-42 生成的集成库

第 10 章　综 合 实 例

通过前面章节的讲解，完整地学习了 Altium Designer 14 的相关知识点，读者初步掌握了利用 Altium Designer 14 进行电路设计的方法和思路。本章通过对几个来自工程实践的综合实例的讲解，帮助读者进一步巩固和完善前面所学知识。

10.1　频率计电路设计

本例要设计一个测量频率的电路，测量范围为 30 Hz-300 kHz，误差控制在 2% 以内。

10.1.1　电路分析

根据设计要求，控制系统采用单片机 AT89C2051。测量信号通过整形电路，输出满足单片机要求的脉冲信号，经过单片机的运算、转换处理等通过 4 位数码管显示出频率值。设计的原理图如 10-1 所示，对应的元件属性如表 10-1 所示。

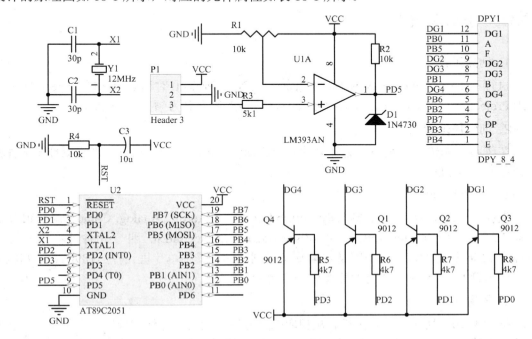

图 10-1　频率计电路原理图

表 10-1　元件属性表

Lib Ref	Designator	Comment	Footprint
Cap	C1，C2	30 pF	RAD-0.1
Cap2	C3	10 μF	CAPR5-4X5
D Zener	D1	1N4730	DIODE-0.4
DPY_8_4	DPY1	DPY_8_4	DPY_8_4
Header 3	P1	Header 3	HDR1X3
PNP	Q1，Q2，Q3，Q4	9012	TO-92A
Res Tap	R1	10 kΩ	VR5
Res2	R2，R4	10 kΩ	AXIAL-0.4
Res2	R3	5.1 kΩ	AXIAL-0.4
Res2	R5，R6，R7，R8	4.7 kΩ	AXIAL-0.4
LM393AN	U1	LM393AN	DIP-8
AT89C2051	U2	AT89C2051	DIP-20
XTAL	Y1	12MHz	R38

其中：U2、DPY1 来自自建库 My IntLib.IntLib，U1 来自 Motorola Analog Comparator. IntLib，P1 来自 Miscellaneous Connectors.IntLib，其他的元件来自 Miscellaneous Device.IntLib。

10.1.2　绘制原理图

1. 创建工程

执行菜单命令 File >> New >> Project，在 New Project 对话框中选择 Project Type 为 PCB Project，Project Templates 为<Default>，将该工程命名为频率计.PrjPcb。

2. 创建原理图文件

在频率计.PrjPcb 工程下，选择菜单命令 File >> New >> Schematic，建立原理图文件频率计原理图.SchDoc。

3. 加载元件库

根据表 10-1 所示，加载 My IntLib.IntLib、Motorola Analog Comparator.IntLib、Miscellaneous Connectors.IntLib 和 Miscellaneous Device.IntLib 四个元件库。其中 My IntLib.IntLib 是自建库，这个库是在第 9 章中创建的，其中单片机元件 AT89C2051 和四位一体数码管 DPY_8_4 两个元件要在这个实例中使用。

4. 放置元件

参考表 10-1 所示的元件属性，从相应的元件库中调用元件将其放置在图纸上，并修改属性。用移动、旋转等操作对元件进行的布局，得到如图 10-2 所示布局结果。

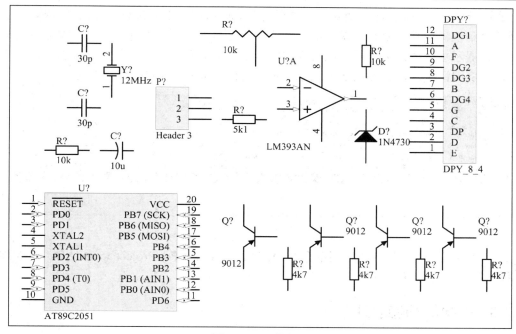

图 10-2　元件布局

5. 元件连线

执行菜单命令 Place >> Wire，根据图 10-1 所示的频率计电路原理图来连接各个电气元件。完成所有的连线结果，如图 10-3 所示。

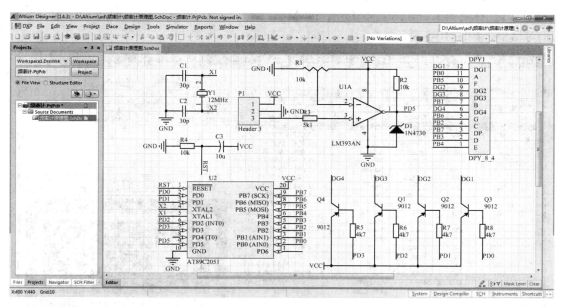

图 10-3　完成原理图的连线

6. 编译项目工程和网络表

(1) 执行菜单命令 Project >> Compile PCB Project 频率计.PrjPcb，将对项目工程进行编

译。通过查看 Messages(消息)对话框，如果有 Error 提示，则需要进行修改，修改好再重新编译，直到编译成功，没有错误。至于修改大致有两种情况，一种是原理图设计时出错，按照错误提示去修改；另一种是电气规则检查设置要调整，比如有些情况可以不报错或者忽略。本例编译成功，在 Messages(消息)对话框中显示的内容如图 10-4 所示。

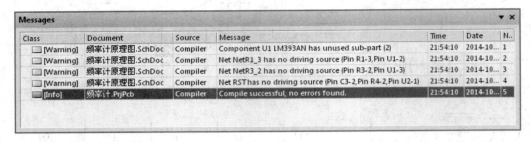

图 10-4　Messages(消息)对话框

(2) 完成工程编译后，执行菜单命令 Design >> Netlist For Project >> PCAD，生成频率计原理图.NET 网络表。

10.1.3　绘制印刷电路板图

1. 准备工作

绘制印刷电路板图之前，需要做一些准备工作，保证绘制工作顺利进行，减少返工的概率。

(1) 需要核查所选的元件封装是否符合项目的要求或者工程应用要求。在原理图编辑环境下，执行菜单命令 Tools >> Footprint Manager，系统将弹出 Footprint Manager(封装管理)对话框，如图 10-5 所示。

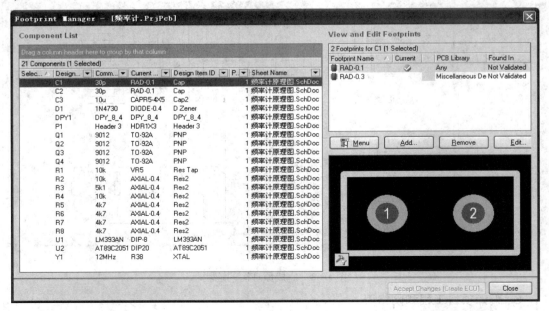

图 10-5　Footprint Manager(封装管理)对话框

在该对话框中查看每个元件的封装信息，如封装名，对应的封装库，二维图形等。如果封装不符合要求，可以进行修改或新增。点击 Edit 按钮，系统将弹出如图 10-6 所示的 PCB Model 对话框。在 PCB Model 对话框去选择一个合适的封装，也可以点击 Add 按钮，弹出 PCB Model 对话框，选择一个封装作为元件封装的一种选择。

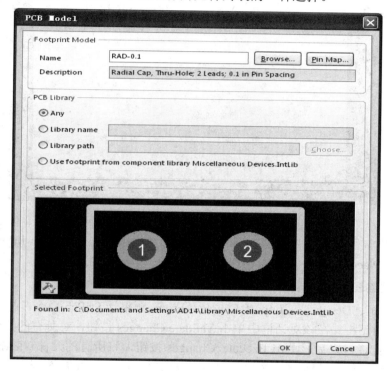

图 10-6　PCB Model 对话框

如果修改了元件封装，则需要重新生成网络表。

(2) 准备好网络表。如果修改了电路原理图的连接，或者更改了封装等和电气有关的变更，则需要重新生成网络表。

(3) 仔细研究项目产品的物理模型、印刷电路板的安装方式、产品使用环境和一些特殊的要求，用于确定元件布局的要求和 PCB 的物理形状大小。本例要求尺寸为 70 mm × 50 mm。

2. 规划电路板

(1) 创建 PCB 文件。执行菜单命令 Files >> New >> PCB，在项目工程下新建一个 PCB 文件，默认名称为 PCB1.Pcbdoc。通过执行菜单命令 File >> Save As 可以对新建的 PCB 图进行重命名，命名为频率计 PCB.PcbDoc。

(2) 设置板子物理大小。首先将 PCB 编辑区的当前工作层切换到机械层，即在 PCB 编辑器区的下方标签栏中单击 Mechanical 1 选项，然后执行绘图命令 Place >> Line 绘制一个 70 mm × 50 mm 的矩形框。如果系统单位不是公制的，需要执行菜单命令 Design >> Board Options，在 Board Options 对话框中修改。

选中整个矩形框，再执行菜单命令 Design >> Board Shape >> Define From Selected Objects，即可完成板卡物理大小的设置，如图 10-7 所示。

执行菜单命令 Place >> Dimension >> Dimension，放置板卡水平长度和高度标注。

图 10-7　PCB 板的物理大小

（3）设置电气区域。在 PCB 编辑器区的下方标签栏中单击 Keep-Out Layer 选项，然后执行绘图命令 Place >> Line 在板卡物理边界内绘制一个封闭图形。

3. 导入网络表

执行菜单命令 Design >> Import Changes From 频率计.PrjPcb 命令，打开 Engineering Change Order 对话框。在该对话框中单击 Validate Changes 按钮，对所有的元件封装进行检查，在检查全部通过之后，单击 Execute Changes 按钮，将所有的元件封装加载到 PCB 文件中，如图 10-8 所示。最后单击 Close 按钮，退出对话框。在 PCB 图纸上可以看到，加载到 PCB 文件中的元件封装及其连接关系，如图 10-9 所示。

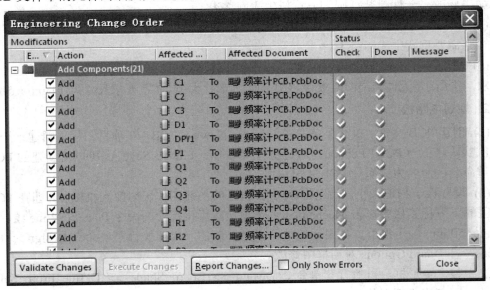

图 10-8　Engineering Change Order 对话框

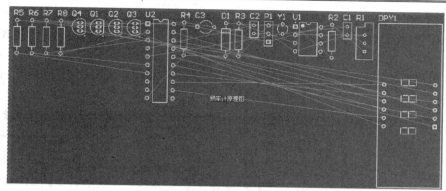

图 10-9　加载到 PCB 图纸上的元件封装及其连接关系

4. 元件布局

对元件采用手工布局，利用鼠标拖动的方法来调整元件的位置。对相同属性的元件利用排列对齐的方法进行统一调整。布局完成的效果如图 10-10 所示。其中放了 4 个焊盘作为支架通孔，分别安置在 4 个角落，规格设为：大小 3 mm × 3 mm，孔径 3 mm。

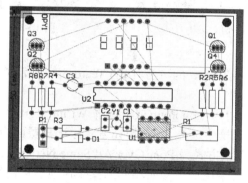

图 10-10　完成元件的布局

5. 布线

(1) 设置布线的线宽。执行菜单命令 Design >> Rules，在弹出的 PCB Rules and Constraints Editor 对话框中选择 Routing 选项，在该选项下面，单击 Width 子规则。在 Width 子规则中设置一般信号线线宽为 0.5 mm，电源线 VCC 和地线 GND 线宽为 1.0 mm。设置好的规则如图 10-11 所示。

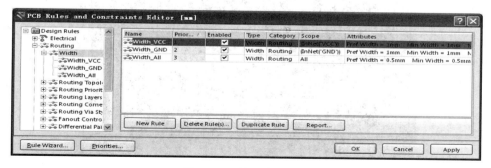

图 10-11　设置线宽规则

(2) 通过自动布线和手动布线相结合的方式来完成布线。先执行菜单命令 Auto Route>>All 自动布线，再分析自动布线哪些地方合理，哪些不合理。对不合理的地方进行手工布局调整，手动走线调整。为了得到正确、美观的 PCB 图，这个过程可能需要多次重复。如图 10-12 所示的效果是一次自动布线的效果，图 10-13 所示的是经过多次布线后的效果。

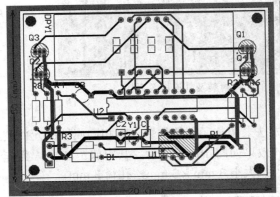 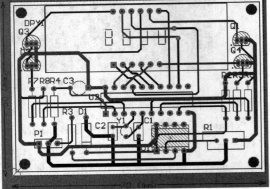

图 10-12　一次自动布线效果　　　　图 10-13　多次调整布线效果

6. 补泪滴和覆铜

执行菜单命令 Tools >> Teardrops，在弹出的 Teardrops 对话框中选择对所有的对象进行补泪滴。

执行菜单命令 Place >> Polygon Pour(或者选择 Wiring 工具栏上的 ▦ 图标)，在弹出的 Polygon Pour 敷铜设置对话框中选择 Solid 填充方式，选择层面为 Bottom Layer(底层)，设置覆铜连接 GND 网络，覆铜方式为 Pour Over All Same Net Objects，其他按默认值设置。绘制和禁止布线层一样的覆铜区域。按照相同的操作在顶层也进行和 GND 网络连接的敷铜，最后的效果如图 10-14 所示。

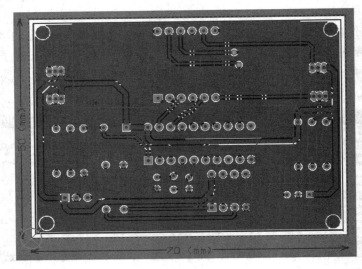

图 10-14　覆铜效果

7. 放置信息标注

执行菜单命令 Place >> String，在弹出的 String 属性对话框的 Text 中输入标注信息，并将其放置到合适的位置。如图 10-15 所示右下角处显示的标注。

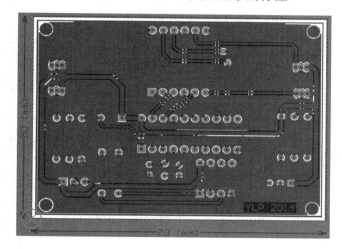

图 10-15 完成标志效果

10.1.4 编译项目

执行菜单命令 Project >> Compile PCB Project 频率计.PrjPcb，对整个项目工程进行编译。完成之后保存所做的工作，整个频率计工程的设计工作便完成了。

10.2 基于单片机的 GSM 控制电路设计

本例要设计基于单片机的 GSM 控制电路，实现 GSM 通信，包括本地通信和远程通信。其中本地通信是指 GSM 模块与 PC 机的通信，以及 GSM 模块与控制器上单片机的通信；远程通信是指两个控制器之间的通信，以及控制器与手机之间的通信。

10.2.1 电路分析

根据需求要求，GSM 模块选用西门子的 TC35 或者 TC35I，通过它可实现 GSM 通信和 AT 指令的本地测试。整个控制由单片机 STC12C5A52S2 实现，也支持 51 系列其他单片机。采用锁紧座以便单片机的更换，单片机的 P0～P3 的所有 I/O 口都有外接扩展。设置跳线接口电路，可实现串口、GSM 模块、单片机直接的电路连接切换。该电路不仅放置了 ISP 下载接口，还提供了一些输入输出资源，包括 LCD1602 接口、蜂鸣器电路、两路 5 V 继电器输出，配置 EEPROM 存储用户数据，三个输入按键，一个 DS18B20 接口。

电源采用 LM2576-5 稳压器使输入工作电压范围 9～40 V 可以正常工作。为了保证模块稳定和模块供电要求采用 LM2576-5 ADJ 可调稳压转为 GSM 模块供电。

设计的电路原理图如图 10-16 所示，对应的元件属性如表 10-2 所示。

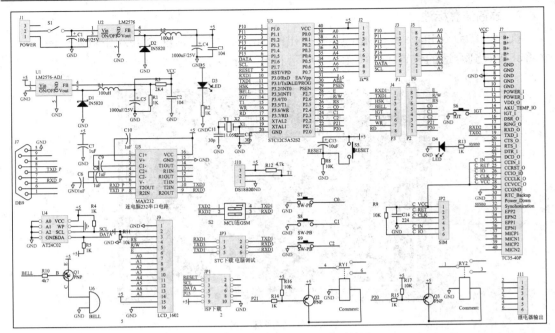

图 10-16　GSM 控制器电路原理图

表 10-2　元件属性表

Lib Ref	Designator	Comment	Footprint
CAPACITOR POL	C1	100 μF/25 V	CD9
CAP	C2，C3	104	RAD-0.1
CAPACITOR POL	C4，C5	1000 μF/25 V	CD10
CAP+	C6，C7，C8，C9，C10	1 μF	CD5
CAP	C11，C12	30 pF	RAD-0.1
CAPACITOR POL	C13	10 μF	CD5
CAP	C14	224	RAD-0.1
DIODE-SCHOTTKY	D1，D2	IN5820	1N5822
LED	D3，D4	LED	LED-AK
CON3	J1	POWER	DC1
CON9	J2	1 kΩ × 8	SIP9
CON8	J3	P1	SIP8-1
CON8	J4	P3	SIP8-1
CON8	J5	P0	SIP8-1
CON8	J6	P2	SIP8-1
DB9	J7	DB9	DB9U
TC35-40P	J8	TC35/GTM900-40P	TC35-ZIP

Lib Ref	Designator	Comment	Footprint
CON16	J9	LCD_1602	SIP16
CON3	J10	DS18B20	SIP3
CON6	J11	继电器输出	TAB3
HEADER 5X2	JP1	ISP 下载	IDC10
CON6	JP2	SIM	SIM
HEADER 3X2	JP3	STC 下载 电脑调试	TIAOXIAN
INDUCTOR	L1，L2	100 μH	L100
PNP	Q1，Q2，Q3	PNP	8550
RES2，RES2，RES2_1，RES2_1，RES2_1，RES2_1，RES2_1	R1，R2，R4，R5，R13，R14，R15	1 kΩ	AXIAL-0.3
RES2	R3	2.4 kΩ	AXIAL-0.3
RES2_1	R8，R9，R16，R17	10 kΩ	AXIAL-0.3
RES2_1	R10	4.7 kΩ	AXIAL-0.3
PR	R11	10 kΩ	VR5
R1	R12	4.7 kΩ	AXIAL-0.3
RELAY-SPDT	RY1，RY2		23F
SW-SPST	S1		SW6-1
SW DIP-2	S2	MCU 连 GSM	DIP4
SW-PB	S5	RESET	SW-6×6
SW-PB	S6	IGT	SW-6×6
SW-PB	S7，S8，S9	SW-PB	SW-6×6
LM2576	U1，U2	LM2576	TO-5
AT89C32P	U3	stc	DIP40S
AT24C01	U4	AT24C02	DIP-8
MAX232	U5	MAX232	DIP-16
BELL	U6	BELL	BELL-1
CRYSTAL	Y1	11.0592	XTAL1

注：所有的元件都来自自建库 My IntLib.IntLib。

10.2.2　绘制原理图

1. 创建工程

执行菜单命令 File >> New >> Project，创建工程命名为 GSM 控制器.PrjPcb 项目工程。

2. 创建原理图文件

在 GSM 控制器.PrjPcb 工程下，选择菜单命令 File >> New >> Schematic，建立原理图文件 GSM 控制器原理图.SchDoc。

3. 加载元件库

根据表 10-2 所示，设计中需要的元件都集成在 My IntLib.IntLib 元件库中，所以只需要加载 My IntLib.IntLib 元件库即可。这个集成库是作者多年设计积累的个人自建库，读者可以从前言提到的网络地址访问下载，也可以联系作者索取。

4. 放置元件和连线

根据参考电路图，进行分模块的设计。通过放置元件布局，再连线绘制各个模块电路。完成绘制的电源电路图如图 10-17 所示，单片机最小系统电路图如图 10-18 所示，TC35 接口电路图如图 10-19 所示，串口电路和下载电路图如图 10-20 所示，继电器输出电路图如图 10-21 所示，其他输入输出资源电路图如图 10-22 所示。

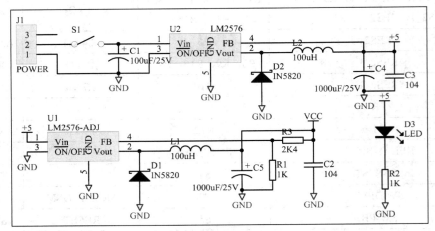

图 10-17　电源电路

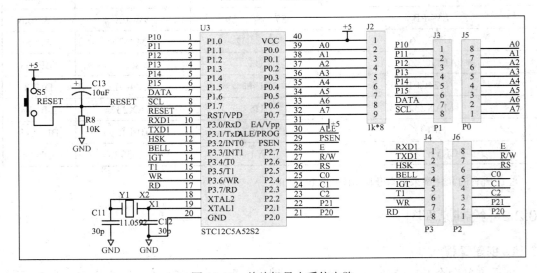

图 10-18　单片机最小系统电路

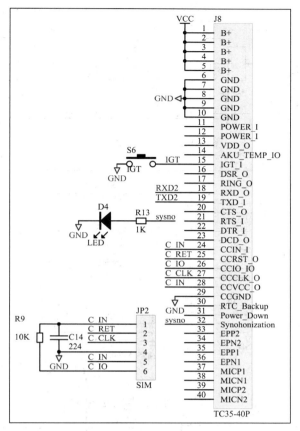

图 10-19　TC35 接口电路

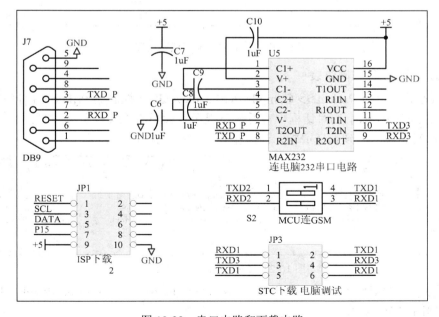

图 10-20　串口电路和下载电路

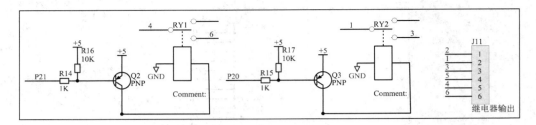

图 10-21 继电器输出电路

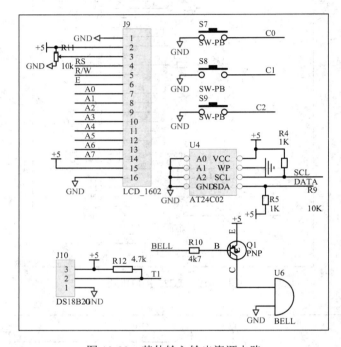

图 10-22 其他输入输出资源电路

5. 编译项目工程和网络表

(1) 执行菜单命令 Project >> Compile PCB Project GSM 控制器.PrjPcb，将对项目工程进行编译。在 Messages(消息)对话框中查看信息提示，如果有 Error 提示，则需要进行修改，修改好再重新编译，直到编译成功，没有错误，如图 10-23 所示。

Messages						
Class	Document	Source	Message	Time	Date	No.
[Warning]	GSM控制器原理图.SchDoc	Compiler	Floating Net Label 2 at (640,310)	23:02:52	2014-10-...	1
[Warning]	GSM控制器原理图.SchDoc	Compiler	Floating Net Label 5 at (450,300)	23:02:52	2014-10-...	2
[Info]	GSM控制器.PrjPcb	Compiler	Compile successful, no errors found.	23:02:53	2014-10-...	3

图 10-23 Messages(消息)对话框

(2) 完成工程编译后，执行菜单命令 Design >> Netlist For Project >> Protel，生成 GSM 控制器原理图.NET 网络表。

10.2.3 绘制印刷电路板图

1. 规划电路板

(1) 创建 PCB 文件。执行菜单命令 Files >> New >> PCB，在项目工程下新建的一个命名为 GSM 控制器 PCB 图.PcbDoc 的 PCB 文件。

(2) 设置电路板物理大小。将 PCB 编辑区的当前工作层切换到机械层，即在 PCB 编辑器区的下方标签栏中单击 Mechanical 1 选项，然后执行绘图命令 Place >> Line 绘制一个 120 mm × 100 mm 的矩形框。最后选中整个矩形框，执行菜单命令 Design >> Board Shape >> Define From Selected Objects，完成电路板物理大小的设置。

(3) 设置电气区域。在 PCB 编辑器区的下方标签栏中单击 Keep-Out Layer 选项，然后执行绘图命令 Place >> Line 在板卡物理边界上绘制一个封闭图形。

2. 导入网络表

执行菜单命令 Design >> Import Changes From GSM 控制器.PrjPcb 命令，导入网络表。

3. 元件布局

根据信号流向和电路板美观的基本要求，对元件进行手工布局。在电路板上放置了 4 个焊盘作为支架通孔规格设为：大小 3 mm×3 mm，孔径 3 mm。另外放置标注信息：MCU-GSM V1.1 和 YLP 2014.10。完成的效果图如图 10-24 所示。

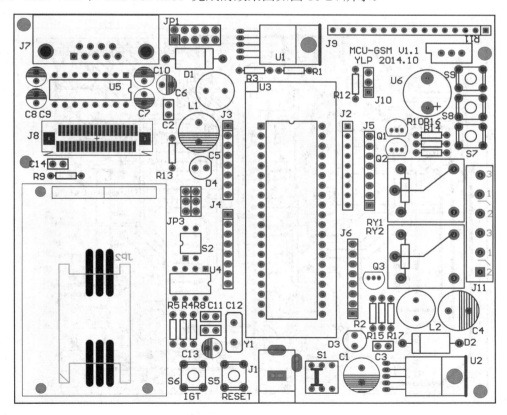

图 10-24 完成元件的布局

4．布线

(1) 设置布线的线宽。执行菜单命令 Design >> Rules，在弹出的 PCB Rules and Constraints Editor 对话框中设置线宽。要求设置一般信号线线宽为 0.508 mm，电源线 VCC 和地线 GND 线宽为 1.0 mm，继电器输出线都为 1.0 mm。设置好的规则如图 10-25 所示。

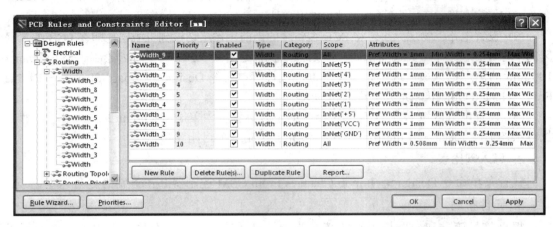

图 10-25　设置线宽规则

(2) 通过自动布线和手动布线相结合的方式来完成布线。经过多次布线调整后的效果如图 10-26 所示。

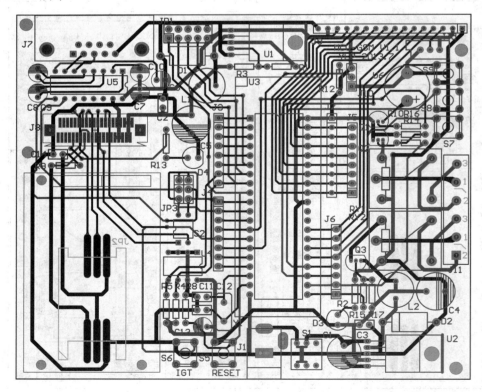

图 10-26　多次调整布线效果

5. 补泪滴和覆铜

先执行菜单命令 Tools >> Teardrops，在弹出的 Teardrops 对话框中选择对所有的对象进行补泪滴。再执行菜单命令 Place >> Polygon Pour，对顶层和底层铺接地的铜。最后得到的效果如图 10-27 所示，3D 模式效果图如图 10-28 所示。

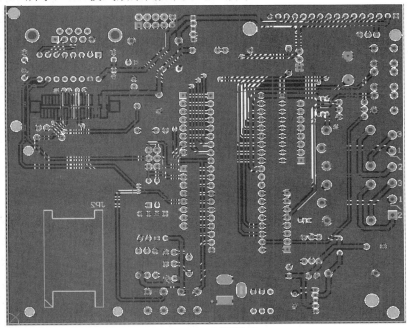

图 10-27　覆铜效果

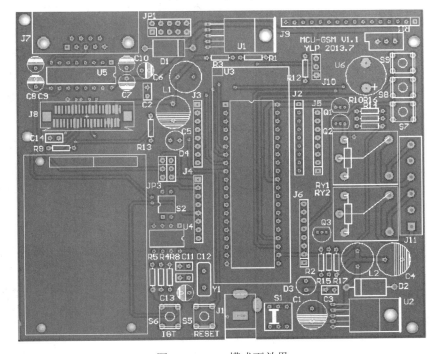

图 10-28　3D 模式下效果

10.2.4 编译项目

执行菜单命令 Project >> Compile PCB Project GSM 控制器.PrjPcb，对整个项目工程进行编译。完成之后保存所做的工作，整个 GSM 控制器工程的设计工作便完成了。

参 考 文 献

[1] 胡文华，胡仁喜，等. Altium Designer 13 电路设计入门与提高. 北京：化学工业出版社，2013.

[2] 王渊峰，戴旭辉. Altium Designer 10 电路设计标准教程. 北京：科学出版社，2012.

[3] 张正勇. Altium Designer 板级设计与数据管理. 北京：电子工业出版社，2013.

[4] 何宾. Altium Designer13.0 电路设计、仿真与验证权威指南. 北京：清华大学出版社，2014.

[5] 黄智伟. 印刷电路板(PCB)设计技术 实践. 2 版. 北京：电子工业出版社，2013.

[6] 周润景，郝媛媛. Altium Designer 原理图与 PCB 设计. 2 版. 北京：电子工业出版社，2012.

[7] 李磊，梁志明，华文龙. Altium Designer EDA 设计与实践. 北京：北京航空航天大学出版社，2011.

[8] 穆秀春，李娜，訾鸿. 轻松实现从 Protel 到 Altium Designer. 北京：电子工业出版社，2011.

[9] Altium Designer 软件的技术文档. http://techdocs.altium.com/.

[10]   Altium Designer 软件的技术视频教程. http://www.altium.com.cn/resource-center/design-secrets.